基于工作记忆内容的视觉注意捕获

潘 毅 著

浙江工商大學出版社
ZHEJIANG GONGSHANG UNIVERSITY PRESS

·杭州·

图书在版编目(CIP)数据

基于工作记忆内容的视觉注意捕获 / 潘毅著. — 杭州：浙江工商大学出版社，2020.8

ISBN 978-7-5178-3672-8

Ⅰ．①基… Ⅱ．①潘… Ⅲ．①认知心理学－研究

Ⅳ．①B842.1

中国版本图书馆 CIP 数据核字(2020)第 020513 号

基于工作记忆内容的视觉注意捕获

JIYU GONGZUO JIYI NEIRONG DE SHIJUE ZHUYI BUHUO

潘　毅著

责任编辑	吴岳婷
封面设计	林朦朦
责任印制	包建辉
出版发行	浙江工商大学出版社
	（杭州市教工路 198 号　邮政编码 310012）
	（E-mail：zjgsupress@163.com）
	（网址：http：// www. zjgsupress. com）
	电话：0571-88904980，88831806（传真）
排　　版	杭州朝曦图文设计有限公司
印　　刷	杭州高腾印务有限公司
开　　本	710mm×1000mm　1/16
印　　张	7.25
字　　数	138 千
版 印 次	2020 年 8 月第 1 版　2020 年 8 月第 1 次印刷
书　　号	ISBN 978-7-5178-3672-8
定　　价	42.00 元

前　言

　　视觉系统是一个资源有限的信息加工系统,在任何时刻视觉注意只能选择外界环境中的有限信息进行加工。影响视觉选择性注意的因素既可能是视觉场景中具有显著特征的刺激,也可能是个体当前的主观意图或任务目标。偏向竞争模型认为工作记忆对于解决视觉场景中不同物体之间的注意竞争具有重要作用,保持在工作记忆中的目标模板会以自上而下的方式引导视觉注意优先选择视场中与之匹配的物体。本研究所探讨的就是这种基于工作记忆内容的自上而下的视觉注意机制,并且重点考察视场中与当前工作记忆内容匹配的无关刺激是否能够自动捕获注意。

　　本研究共包括六个实验,系统考察了工作记忆内容对视觉选择性注意的自动引导作用。实验一到实验三考察了视觉工作记忆内容对视觉注意的自动引导作用,结果发现视场中与当前工作记忆内容匹配的物体具体特征或抽象维度能够自动捕获注意。实验四和实验五进一步发现,言语工作记忆内容也能够引发这种自上而下的注意捕获机制。实验六检验基于工作记忆内容的视觉注意捕获是否满足强自动性的意向性标准,结果显示被试的注意准备状态能够调节基于工作记忆内容的视觉注意捕获,工作记忆内容对视觉注意的引导作用并没有表现出非常强的自动性。

　　本研究的创新性贡献表现为:首先,本研究改进了以往的研究范式,排除了被试主观动机对实验结果的影响,从而为基于工作记忆内容的视觉注意捕获提供了强有力的证据支持;其次,本研究扩展了以往相关研究,证明了工作记忆内容对视觉注意的自动引导作用可以基于多种形式的匹配关系进行,既可以基于具体特征值的匹配,也可以基于抽象维度的匹配;最后,本研究首次引入意向性标准直接检验了基于工作记忆内容的视觉注意捕获的自动性,提出基于工作记忆内容的视觉注意捕获是一个有条件的自动化过程,从而为解决工作记忆内容是否能够自动引导注意这个理论争论提供了一个重要视角。

目　录

第一章　绪　论

一、引　言

　　眼睛是人类心灵的窗口,它是我们认识世界的最重要的感觉器官。在我们每天所接收的大量信息中,有大约 80% 来自视觉。然而,视觉系统是一个资源有限的信息加工系统,因此,尽管在我们周围充满了大量的各种各样的物体,在任何时刻却仅仅只有少量的刺激能够进入视觉系统得到进一步的加工处理并进而影响我们的行为反应。在这个过程中视觉选择性注意机制扮演着重要角色,视觉注意从冗杂的视场中选择与当前任务相关的目标刺激作进一步加工,并同时抑制其他与当前任务目标无关的干扰刺激,以保证有限的加工资源能够分配给被选择的目标刺激,而不至于被其他干扰刺激所消耗。

　　然而,引导视觉注意选择相关信息的具体过程是怎样的呢? 在过去的几十年里,认知心理学家对视觉注意的控制机制进行了大量研究。总体来说,视觉选择性注意的控制机制有两种类型:一类是自下而上的刺激驱动(stimulus-driven)注意机制,例如,视场中突显(pop-out)或突现(abrupt onset)刺激对视觉注意的自动捕获作用(Theeuwes,1991,1992;Yantis & Jonides,1984;Yantis,1993);另一类是自上而下的目标导向(goal-directed)注意机制,例如,对线索提示空间位置的注意期待(Posner,1980),或保持在记忆中的目标模板对注意的引导作用(Desimone,1998;Duncan & Humphreys,1989;Hodsoll & Humphreys,2001)。此外,需要特别提及的是,认知心理学家通常用注意捕获(capture of attention)这个概念来描述下面这个现象,即视场中的干扰刺激获得视觉加工的优先权而不管个体当前的任务目标或信念是什么。

　　本研究将要探讨的就是近年来才提出来的一种自上而下的视觉注意机制,即工作记忆内容对视觉注意的引导作用。在最近的十年里,有关工作记忆与视觉注意之间的交互作用成为认知心理学研究的一个热点领域,其中,工作记忆内容对视觉注意偏向的影响就是认知心理学家比较感兴趣的一个主题。例如,请想象下面的情景:你行走在熙熙攘攘的街道上,并且头脑中正在想着一个你最近非常想念的朋友。突然,前面人群中有一个人引起了你的注意。这时,你发现他和你正在想的那位朋友长得非常相像。这个例子说明了工作记忆内容能够影响视觉注意的分配,工作记忆内容会自动引导注意选择视场中与之相同或相似的物体。按照Desimone & Duncan(1995)所提出的偏向竞争模型(biased competition model),工作记忆内容对视觉注意的引导作用是解决视场中多个物体竞争有限注意资源的一种方式。如前所述,视觉场景中常常充满了超过了视觉系统加工能力的大量物体,由于注意资源的有限性,视场中的各个物体相互之间就会竞争注意资源。此时,个体当前工作记忆中正在保持的记忆表征会以自上而下的方式增强视觉皮层中与之相似的知觉表征的激活程度,从而使得视场中与工作记忆内容相似的物体取得竞争优势并最终获得注意偏向。

迄今为止,工作记忆内容对视觉注意的引导作用已经得到了大量实验证据的支持,包括来自对灵长类动物的单细胞神经生理学研究的证据(Chelazzi, Miller, Duncan, & Desimone, 1993, 2001; Chelazzi, Duncan, Miller, & Desimone, 1998),和来自以健康人类和注意缺损病人为被试的行为学实验和脑电研究的证据(Downing, 2000; Soto, Heinke, Humphreys, & Blanco, 2005; Soto, Humphreys, & Heinke, 2006a; Soto & Humphreys, 2006; Olivers, Meijer, & Theeuwes, 2006; Soto, Humphreys, & Rotshtein, 2007)。然而,以往的大多数研究探讨的都是保存在工作记忆中的目标模板对视觉注意的引导作用,因此,以往研究中所发现的这种记忆驱动注意选择其实是一种主动控制的目标导向选择性注意。与之相反,本研究所关注的问题是基于工作记忆内容的视觉注意机制的自动化性质,即当工作记忆中所保持的物体表征并非是视觉注意任务的目标时,视场中与工作记忆内容相似的干扰刺激是否仍然能够获得注意偏向? 如果答案是肯定的话,那么记忆驱动注意选择就不仅可以是主动控制的过程,也可以一种相对自动化的方式产生,因为在本研究中被试没有明显动机去主动注意视场中与当前工作记忆内容相似的物体。在本书中,引入了注意捕获这个概念,将视场中与工作记忆内容匹配的干扰刺激自动获得注意偏向的视觉注意机制称之为基于工作记忆内容的视觉注意捕获。

在详述实验研究之前,有必要在此先分别介绍一下工作记忆和视觉注意领域中与本书相关的一些基本概念和理论,然后在综述以往有关工作记忆内容对视觉注意的引导作用的研究基础上提出本研究所要解决的具体问题及其理论意义。

二、工作记忆概述

工作记忆（working memory）这个术语最先由 Miller，Galanter，& Pribram (1960)提出，随后，Baddeley & Hitch(1974)提出一个影响深远并被广泛认可的工作记忆多成分模型，以强调工作记忆与只具有单一存储结构的短时记忆(short-term memory；Atkinson & Shiffrin,1968)之间的区别。本书涉及的所有工作记忆概念均来源于 Baddeley 及其同事所提出的多成分模型，如图 1-1 所示，该模型包括一个资源有限的注意控制系统，即中央执行(central executive)系统，和两个附属存储系统：语音环(phonological loop)和视空画板(visuospatial sketchpad)。下面我将结合最新的研究成果来分别介绍这三个工作记忆成分。

图 1-1 区域

图 1-1 **Baddeley & Hitch(1974)提出的工作记忆三成分模型**

（一）语音环

因为语音环是早期研究最充分的一个子成分，因此首先介绍工作记忆中的语音环。语音环是用于存储声音和语言信息的短时记忆系统，它包括语音存储(phonological store)和发音复述(articulatory rehearsal)两个子系统。语音记忆痕迹在语音存储系统中只能够保持大约两秒钟就会自行消退，若要保持更长时间就需要依靠发音复述系统进行类似于默读的复述过程，这样才能实时维持和不断更新语音存储系统中的记忆痕迹(Baddeley & Hitch,1974)。对语音环的研究一般采用即时序列回忆程序，要求被试按顺序回忆一组数字、字母或单词。语音存储结构的存在证据来源于语音相似效应(phonological similarity effect)，即声韵相似的一组字母（如 B，V，G，T，C，D）的序列回忆成绩要低于声韵彼此不同的一组字母（如 F，K，Y，W，M，R）的序列回忆成绩(Conrad & Hull,1964)。而发音复述的证据来源于词长效应(word length effect)，即对一组单音节英文单词（如 sum,pay, wit,bar,hop）的序列回忆成绩要优于对一组多音节英文单词（如 helicpter,university, television,alligator,opportunity）的序列回忆成绩(Baddeley,Thomson & Buchanan, 1975)，因为单音节单词的发音时间比多音节单词短，因此，在记忆痕迹消退前单音节单词能到更多次数的复述，从而使得单音节单词的短时记忆成绩更好。Baddeley

等人(1975)也发现,当要求被试在完成即时序列回忆任务的同时进行发音抑制程序时(如要求被试在试验中不断重复大声朗读一个无关单词或数字),上述词长效应就消失了,说明发音抑制程序占用了发音复述系统,使得无论对单音节单词还是多音节单词的记忆效果都比较差。此外,发音复述似乎在将以视觉形式呈现的刺激材料进行言语编码以进入语音工作记忆的过程中起着重要作用。因此,当刺激材料以视觉形式呈现时,发音抑制能够减小语音相似效应,而当刺激材料以听觉形式呈现时,发音抑制并不影响语音相似效应的大小,因为听觉信息会直接进入语音环而不需要任何中介过程(Baddeley,Lewis,& Vallar,1984)。

工作记忆的一个最重要特征就是它的容量有限性。对记忆广度的研究历史由来已久,例如,Miller(1956)认为短时记忆的广度大概是7—2个项目。然而,由于语音工作记忆的容量取决于要记忆的词长,较长的词会消耗较多的资源,因此,语音工作记忆容量不适合用项目个数来衡量,也许用发音的时间长短来测量语音工作记忆容量更为合适(Schweickert & Boruff,1986)。

Baddeley,Gathercole,& Papagno(1998)认为语音环的一个重要功能就是通过存储新单词来促进语言的学习和获得,它是人类在自然进化过程中逐渐形成的用以学习语言的装置。例如,语音环受损病人很难学会外语词汇,尽管他们的言语长时记忆是正常的。因此,语音工作记忆的容量被认为是衡量个体外语学习能力的一个良好指标(Service,1992;Atkins & Baddeley,1998)。

(二)视空画板

视空画板是独立于语音环的另一个工作记忆成分,是用以暂时保存和加工视觉空间信息的记忆系统。视觉工作记忆和语音工作记忆之间的相对独立性的证据来源于一些采用双任务干扰范式的实验研究(Baddeley & Lieberman,1980)。例如,当要求被试在语音工作记忆的保持阶段完成另一个无关的言语任务时,被试很难记住语音信息;而当要求被试在语音工作记忆的保持阶段完成一个无关的视觉空间任务时,语音记忆的成绩却很少或不受其干扰。此外,视觉空间记忆任务会受到同时进行的另一个无关的视觉任务的干扰,而不会受到同时进行的另一个语音任务的干扰。这些实验结果都表明,来自于视觉和听觉两个感觉通道的信息是分别存储在两个不同的记忆系统之中的。当然,两者之间也可以建立联系,如可以对视觉信息进行语音编码以存储在语音工作记忆中,也可以根据接收到的听觉信息建立相应的视觉表征以存储在视觉空间工作记忆之中。

很多神经心理学和脑功能成像研究都表明视空画板包括客体(object)工作记忆和空间(spatial)工作记忆两个相对独立的子系统(Tresch,Sinnamon & Seamon,

1993；Smith，Jonides，Koeppe，Awh，Schumacher，& Minoshima，1995；Smith & Jonides，1996；Pickering，2001；Zimmer，Speiser，& Seidler，2003）。然而，尽管如此，在实际操作中却很难设计一个任务能将客体记忆和空间记忆完全分离，因为客体必定存在于一定空间之中。

关于视空画板的另一个重要问题就是其复述机制的本质。如同语音工作记忆拥有发音复述机制一样，视觉空间工作记忆必定也有其相应的复述机制。大量的行为实验和神经成像研究都表明，空间注意是视觉空间工作记忆的重要复述机制（Awh，Jonides，& Reuter-Lorenz，1998；Awh，Jonides，Smith，Buxton，Frank，Love，Wong，& Gmeindl，1999；Awh，Anllo-Vento，& Hillyard，2000；Jha，2002；Postle，Awh，Jonides，Smith，& D'E sposito，2004）。例如，在视觉空间工作记忆的保持阶段将视觉注意转移至非记忆空间位置上时，被试的记忆任务准确率显著受损，因为这种情况下对记忆空间的注意复述被阻止。这种基于注意的复述机制似乎解释了眼动和手臂运动对空间工作记忆的干扰作用（Hale，Myerson，Rhee，Weiss，& Abrams，1996；Lawrence，Myerson，Oonk，& Abrams，2001），因为眼睛和手臂运动都伴随有注意的转移（Boulinguez & Nougier，1999；Shepherd，Findlay，& Hockey，1986），因此，眼动和手臂运动所引起的干扰效应也可能是因为注意转移所致。然而，有趣的是，Lawrence，Myerson，& Abrams（2004）研究发现，空间注意转移只选择性地干扰空间工作记忆任务而不影响语音工作记忆任务，并且，由眼睛运动所引起的干扰效应要显著大于内隐的注意转移（即在保持注视点不变的情况下的注意转移）所引起的干扰效应，说明眼睛运动对空间工作记忆的干扰作用不能简单地用注意转移来解释，视觉空间工作记忆的复述机制似乎不仅仅包括空间注意。

对视觉工作记忆容量的研究要滞后于语音工作记忆容量研究，直到最近几年视觉工作记忆容量研究才获得重大进展。研究发现，视觉工作记忆只能同时存储3—4个物体，而不管这些物体是单特征物体（single-feature object）还是多特征物体（multi-feature object），说明视觉工作记忆是以整合的物体而非具体特征为存储单元的（Luck & Vogel，1997；Vogel，Woodman，& Luck，2001；Cowan，2001；Jiang，Olson，& Chun，2000；Lee & Chun，2001）。

视觉工作记忆的资源有限性不仅表现在其存储容量的有限性上，还表现在其编码或巩固（consolidation）过程的资源有限性上。所谓巩固过程，指将不稳定的知觉表征转换为稳定的工作记忆表征的记忆编码过程。经过巩固过程后形成的工作记忆表征才能通过复述机制持续保存在视空画板之中，并且视觉工作记忆的巩固过程和保存（maintenance）过程是相互独立的，尽管两者都在同一个存储系统内进行（Woodman & Vogel，2005）。视觉工作记忆的巩固过程具有高度的资源有限性,即在某一时刻工作记忆只能同时编码非常有限的项目。早期的研究认为该巩固过程非常缓慢,大约需要 500 ms 才能形成一个工作记忆表征(Chun & Potter, 1995;Jolicoeur & Dell' Acqua,1998)。然而,Vogel,Woodman,& Luck(2006)认为,早期研究所采用的实验范式可能将其他非巩固过程也包括进了巩固过程之中,从而导致对工作记忆巩固过程时间的过多估计。Vogel 等(2006)采用变化检测任务(change-detection task)研究色块的工作记忆巩固过程,结果发现,工作记忆巩固过程比之前认为得要快很多,其编码速率大约为每 50 ms 就能形成一个稳定的记忆表征。当然,这种编码速率应该和记忆材料的复杂性有关,对复杂的刺激进行工作记忆编码应该要慢于对简单刺激的记忆编码。另外,值得一提的是,空间注意对工作记忆巩固过程也同样起着重要作用,注意在将知觉表征转换为工作记忆表征的过程中起着促进作用(Schmidt,Vogel,Woodman,& Luck,2002)。

视觉空间工作记忆对于个体完成非言语任务具有重要作用,因此,视觉空间工作记忆能力就为测量非言语智力和预测在诸如建筑学和工程学等领域内的成就提供了一个良好指标。在历史上有很多例子可以说明视觉空间想象能力对于科学发现具有重要作用,包括爱因斯坦创造他的相对论理论(Baddeley,2003)。

(三)中央执行系统

中央执行系统是工作记忆中最重要的也是迄今了解最少的一个子成分。在 Baddeley & Hitch(1974)所提出的早期工作记忆模型之中,中央执行系统仅仅被看作是一个容量有限的一般的加工资源,用以决定何时用语音环或视空画板以及协调两者之间的关系。后来,Baddeley 及其同事借鉴 Norman & Shallice(1986)的注意控制模型对中央执行系统这个概念加以改进以强调中央执行系统的注意控制功能,该模型将行为控制分为两种类型:第一种是依赖于习惯或图式(schema)进行的行为控制,这种行为控制通常是由环境中的线索所自动引导的,我们日常生活中进行的例行行为大都属于此种类型。另一种是依赖于有限注意资源的行为控制,当依靠例行的图式控制无法完成任务时就需要依靠注意控制来进行。Baddeley(1986)认为应该从这种注意控制的视角来理解中央执行系统的功能特点。

在强调了中央执行系统的注意控制功能之后,Baddeley 及其同事又指出中央执行系统的注意控制功能具体表现在集中(focus)注意、分配(divide)注意和转换(switch)注意等方面,并且认为中央执行系统还为工作记忆与长时记忆(long-term memory)之间提供了一个联结(Baddeley,1996)。随后,为了解决分别来自于工作记忆和长时记忆的信息整合问题,Baddeley 最近修正了其最初的工作记忆三成分模型,并提出了第四个子成分,即情景缓冲器(episodic buffer;Baddeley,2000,

2001)。此外,虽然情景缓冲器是作为单独的一个工作记忆子成分被提出来的,但是为了强调工作记忆的功能在于加工和创造新表征而不是仅仅激活旧记忆表征,Baddeley 认为可以将情景缓冲器理解为中央执行系统的存储结构。

因为中央执行系统和情景缓冲器并非本研究关注的核心问题,故在此仅做简单介绍。另外,随着新问题的不断提出,工作记忆多成分模型本身也在不断发展之中。正如 Baddeley 在其最近的一篇综述文章中所说,人类行为并非决定于简单的刺激—行为联结,而是受一系列影响因素在不同水平上同时控制的。虽然这些控制过程之中很多是内隐的、无意识的,但是有些时候工作记忆对行为控制的作用也是非常重要的。因此,只有将工作记忆放在多水平行为控制这个大背景之中,我们才能够更完全地理解工作记忆对于思维、计划和行为的重要作用(Baddeley,2003)。

三、视觉注意概述

我们所处的视觉世界是纷繁复杂的,其中包含了大量的刺激和物体,而我们的视觉系统却是个资源有限的信息加工系统。因此,为了认识我们所在的视觉场景,在任何时刻视觉系统都只能够选择视场中非常有限的信息进行加工处理,而实现这种视觉选择功能的就是视觉注意机制。视觉系统通过注意机制来选择相关信息进行深入加工,并同时抑制其他无关信息获得更高水平的加工。因此,视觉注意机制是视觉系统在资源有限的前提下能够有效处理大量外界输入信息的重要保证,是我们能够顺利进行知觉、记忆和思维等认知过程的必要前提。视觉注意是认知心理学中研究得最为充分的领域之一,迄今为止已经形成了大量的比较成熟的视觉注意理论模型。考虑到与本研究的相关性,笔者在这里仅从视觉注意选择的表征类型和注意控制这两个方面来介绍现有的视觉注意模型。

(一)视觉注意选择的表征类型

视觉系统通过注意机制选择有限的信息表征,然而,视觉注意选择的信息到底是如何表征的呢? 也就是说,视觉注意选择是基于什么类型的表征进行的呢? 对此问题,现在主要有三种视觉注意模型来加以解释:基于空间的注意、基于客体的注意和基于特征的注意。需要特别提出的是,这三种视觉注意模型不是相互对立的,它们都得到了行为学实验和神经生理学研究的证据支持,因此,我们需要用一种整合的视角来看待这三种视觉注意机制。

1. 基于空间的注意

基于空间(space-based)的视觉注意模型认为,视觉选择是基于对视野的纯粹的空间表征进行操作的,视觉注意首先选择视场中特定的空间位置,然后才对落在所选空间内的物体进行加工(Eriksen & Hoffman,1973;Posner,Snyder,& Davidson,1980)。空间注意的主要证据来源于空间线索化(spatial pre-cueing)任务,在这种任务范式中通过呈现视觉线索来提示接下来的目标将可能出现的空间位置,视觉线索既可以是外源性线索(如快速显著的亮度变化或突然闪现一个新物体),也可以是内源性线索(如箭头之类的符号)。这类任务的实验结果通常是,被试对落在线索提示空间的目标(线索有效)的反应要显著快于对落在非提示空间的目标(线索无效)的反应。对这种结果的解释一般假定空间线索使得注意机制将注意资源分配给了提示空间,从而增强了对落在提示空间上的目标的加工。Posner(1980)根据这种空间线索效应提出了注意聚光灯(spotlight)模型,认为视觉注意就像聚光灯一样照亮了视场中的一个连续区域,落在被照亮空间内的物体就会被选择并得到深入加工。

注意聚光灯模型被提出后引发了很多重要问题(有关详细综述见 Cave & Bichot,1999)。第一,注意聚光灯的运动转移问题。众所周知,真实的聚光灯从一个地方照射到另一个地方时,两个地方之间的空间区域也会被照亮。然而,注意聚光灯似乎能够从一个空间位置突然转移至另一个空间位置,而不会"照亮"中间所经过的空间,因为研究发现视觉注意在两个空间点之间进行转移的时间不会随着两点之间的距离增加而增加(Remington & Pierce,1984;Krose & Julesz,1989;Kwak,Dagenbach,& Egeth,1991)。第二,注意聚光灯是否可以被分割?或者说,视觉注意可以同时选择多个空间吗?研究这个问题的一种方法是要求被试同时注意两个非连续的空间位置,然后考察两个空间点之间是否存在注意效应。Eriksen & Yeh(1985)认为注意聚光灯不能够被分割,然而,Kramer & Hahn(1995)研究发现,出现在两个非连续空间点之间的干扰刺激不会影响对目标的反应,说明两点之间的空间区域是没有注意资源的"真空"。同样,Bichot,Cave,& Pashler(1999)的研究结果也认为视觉注意可以同时选择两个空间位置。此外,研究者考察注意聚光灯是否能够被分割的另一个方法就是要求被试同时追踪多个运动物体。这一类的实验结果一般显示被试可同时追踪 4—5 个物体,说明注意聚光灯可以被分割为 4—5 个独立的"光束"(Pylyshyn & Storm,1988;Yantis,1992)。第三,假设被试能够将全部注意资源集中在一个空间位置之上,这种注意集中的程度到底有多强?侧抑制任务(flanker task)是考察该问题的经典范式(Eriksen & Eriksen,1974;Eriksen & Hoffman,1973),在这种任务范式中被试对中央目标刺激的反应通常会受到两侧无关刺激的干扰,并且这种干扰效应会受到无关刺激与目标之间的距离以及知觉负载的影响(Miller,1991)。第四,注意聚光灯照亮的空间区域大小是可以变化的,也就是说注意聚光灯的焦距是可以通过任务要求或被试主观意志进行调节的,注意资源的空间分布遵循从中心焦点到外周不断递减的原则(zoom lens model;Eriksen & Yeh,1985;Eriksen & St. James,1986)。

Posner 及其同事认为,空间注意转移至少包括三个步骤:脱离(disengage)当前所注意的空间,然后移动(move)到一个新空间;继而选择(engage)该新空间(Posner,Walker,Friedrich,& Rafal,1984,1987)。例如,在空间线索提示任务范式中,研究者假设注意应该首先脱离中央注视点移动到线索提示空间并选择该空间,若目标没有出现在提示空间上,注意又要脱离该提示空间移动到目标所在的空间并选择之。正如我在后面的"注意控制"部分所论述的,Posner 等人提出的空间注意转移三成分模型为理解自上而下与自下而上的视觉注意之间的交互作用提供了一个重要视角。

2.基于客体的注意

基于客体(object-based)的视觉注意模型认为,注意选择的信息表征是知觉物体,即使物体之间在所处空间上相互重叠或物体的各部分处在非连续空间上。所谓知觉物体指的是,根据格式塔知觉组织原则对视野中的信息进行注意前组织而得到的信息表征。因此,格式塔的知觉组织原则(如相邻性、相似性和连通性等)对基于客体的注意具有决定性作用。被注意选择的物体的所有视觉特征会被同时加工,并且对被选择的物体的特征的加工要优先于对其他物体特征的加工。例如,在Duncan(1984)的著名任务范式中,给被试呈现两个在空间上重叠的物体:一个方框和一个线段。研究者操纵了每个物体的两个特征维度(feature dimension):方框的尺寸(高或低)与开口方向(左侧或右侧),和线段的类型(虚线或点线)与倾斜方向(左倾或右倾)。每次要求被试都要报告两个特征,结果发现,被试报告属于同一个物体的两个特征(如方框的尺寸和开口方向)的正确率要高于报告分别属于两个物体的两个特征(如方框的尺寸和线段的倾斜方向)的正确率。这种差异不能用空间注意来解释,因为两个物体处在相同的空间上,而只能归因于基于客体的注意,即当要求被试报告分别属于两个物体的两个特征时,注意需要从一个物体转移至另一个物体,这种注意转移代价导致了其任务绩效的下降。其他研究者通过设计巧妙的任务范式进一步证明了 Duncan(1984)的观点,即通过格式塔知觉组织原则形成的物体表征在视觉注意选择中起着重要作用(Kramer & Jacobson,1991;Baylis & Driver,1993)。

目前,无论是对正常人还是对注意缺损病人的研究都已积累了大量证据,表明基于空间和基于物体的注意都是存在于视觉系统之中的,而不是完全相互排斥的。但基于空间和基于客体的视觉注意之间的内在关系是怎样的呢? 两者在视觉系统中是单独影响视觉加工过程,还是以某种整合的方式共同作用于视觉加工过程?Vecera & Farah(1994)认为,基于空间和基于客体的注意机制以独立的方式起作用,任务的类型和完成任务所需要的视觉表征水平决定了视觉注意是选择空间位置还是选择知觉物体。当任务要求形状判断时,视觉注意就是基于物体表征进行的,而当任务涉及对视觉特征(如颜色和明度)的判断时,注意就会是基于空间的。然而,这种观点并没有得到后来的研究结果的支持(Kramer, Weber, & Watson, 1997;Vecera,1997)。Egly,Driver, & Rafal(1994)认为,以前对基于空间和基于客体的注意的研究都是分别在非常不同的实验范式下进行的,这就人为导致了两种注意成分的分离。例如,在标准的空间线索范式下,基于物体的选择过程几乎没有机会表现出来。鉴于此,Egly 等(1994)首次在同一实验范式下比较了基于空间和基于客体的视觉注意。在他们的研究中,向被试呈现两个相同的长方形框,两个长方框或分别位于注视点上下,或分别位于注视点左右(见图 1-2)。实验要求被试觉察呈现在其中一个长方框内某一端位置上的灰色方块。在目标方块呈现之前,其中一个长方框内的一端突然增亮(由灰色变成白色)。这一外源性线索既提示目标将可能会出现的空间位置(空间线索),也提示目标将可能会出现在哪一个长方框内(物体线索)。当空间线索有效时,目标方块呈现在提示长方框内的提示端;而当空间线索无效时,目标或呈现在提示长方框内的非提示端,或呈现在非提示长方框内的某一端(该端与提示端的距离等于提示长方框内非提示端与提示端的距离)。在前一种无效线索情况下,被试觉察目标只需要在提示长方框内的空间上转移注意(物体内注意转移),而在后一种无效线索情况下,注意不仅需要在空间上转移,而且还需要从提示长方框内转移到非提示长方框内(物体间注意转移)。相对于提示端来说,整个实验中物体内和物体间注意转移在空间距离和方向上是相同的。实验结果显示,被试对出现在提示长方框内的非提示端的目标的反应要显著慢于对出现在同一长方框内的提示端的目标的反应,这与以前的空间线索范式研究结果一致,表明存在一个纯粹的基于空间的视觉注意成分。然而,更重要的发现是,当注意需要转移到非提示长方框内时,对目标的觉察反应又要显著慢于注意只需要在提示长方框内转移时的反应。Egly 等人认为,由于在整个实验过程中物体间注意转移的距离和方向与物体内转移相同,因此,与物体内注意转移相比,物体间注意转移所导致的额外反应时代价,或称物体内注意转移的优势效应,必定反映了基于客体的注意成分,说明知觉物体对空间注意产生了调节作用。这一研究结果表明了视觉注意包含基于空间和基于客体这两种注意成分,并且两者是以交互作用的方式共同影响视觉加工过程的。这与 Vecera & Farah(1994)的观点不一致,Vecera 等人认为基于空间和基于客体的注意是相互独立的,基于客体的注意只出现在形状判断任务当中,而 Egly 等人在一个简单的觉察任务(亮度增量觉察)中不仅观察到了基于空间的注意成分,而且也观察到了基于客体的注意成分,从而说明两种注意成分在视觉过程中是交互作用的,它们可以出现在同一任务范式下,而不是依赖于任务的类型和完成任务所需要的视觉表征水平。

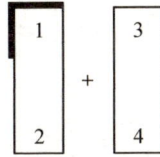

说明:左上角加重的边框表示线索,当目标呈现在位置1时,线索有效;当目标呈现在位置2时,需要物体内注意转移,当目标呈现在位置3时,需要物体间注意转移。位置4不检验,实验中数字不呈现。

图 1-2　Egly, Driver, & Rafal(1994)所用的任务范式

　　然而,尽管研究者们在单任务范式下同时发现了基于空间与基于客体的视觉注意机制的存在,并且认为这两种注意成分以交互作用的方式共同影响视觉过程,但是,目前认知心理学界对基于空间与基于客体的交互关系并没有一个统一的认识(Vecera & Farah,1994;Vecera,1994;Kramer,Weber,& Watson,1997;Vecera,1997;Awh,Dhaliwal,Christensen,& Matsukura,2001;Scholl,2001;Shomstein & Yantis,2002;Müller & Kleinschmidt,2003;Shomstein & Behrmann,2006)。不过,基于空间和基于客体的视觉注意在功能上是相同的,它们都是通过增强对落在所选空间或物体内的目标刺激的感受性来作用于视觉加工过程的(Soto & Blanco,2004)。此外,基于空间与基于客体的注意还具有共同的神经机制(Fink et al.,1997)。由于客体与空间是不可分离的,因此,也许没有必要过分强调和区分视觉注意到底是基于空间的还是基于客体的,空间因素和客体因素在注意选择过程中相互调节、共同控制。

　　3.基于特征的注意

　　首先,需要特别强调的是,这里所说的"特征"具有以下两个层面的含义:特征维度(feature dimension,如颜色或形状)和特征值(feature value,如红色或圆形)。与基于空间和基于客体的注意得到大量研究证据的支持不同,长期以来认知心理学家对视觉系统是否能够选择特定的特征维度或特征值持怀疑态度,毕竟我们所接触的都是完整的物体而不是孤立的特征。例如,Duncan及其同事就否认视觉系统能够选择单个特征的能力,他们认为一旦某个物体被注意选择,它的所有特征都会同时得到自动加工,而不管这些特征是否与当前任务要求相关(Duncan,1984;Duncan,Humphreys,& Ward,1997)。此外,著名的 Stroop 干扰效应也似乎表明视觉系统很难选择同一物体的某个特征(Stroop,1935)。

　　Treisman(1969)和Allport(1971)提出的分析器理论(analyzer theory)是最早

主张存在基于特征维度的注意的理论。分析器理论认为每个特征维度在视觉系统中都对应一个资源有限的特征分析器,不同的分析器可以同时工作,但当辨别任务涉及同一个分析器时,任务绩效就会下降。Allport(1971)给被试呈现三个具有不同颜色和形状的物体,并且每个物体中还包含一个数字。实验中要求被试报告物体的:(1)颜色和形状;(2)颜色和数字;(3)形状和数字。按照分析器理论,研究者假设被试报告物体的形状和数字的正确率最低,因为形状和数字的辨别都需要形状分析器。实验结果证实了这个假设,与单特征任务(即只要求被试报告物体的某一个特征,如颜色)绩效相比,被试同时报告颜色和形状的正确率最高,而报告形状和数字的正确率最低。然而,Duncan(1984)认为,上述结果完全可以用他所提出的基于客体的注意理论来解释。按照基于客体的注意理论,只有当要求报告的特征分别来自不同的物体时正确率才会下降。由于 Allport(1971)实验中颜色和形状属于同一个物体,而形状和数字分别属于两个物体,因此,报告颜色和形状的正确率要高于报告形状和数字的正确率。后来,Duncan 及其同事又通过考察多种特征维度进一步否定了分析器理论和基于特征维度的注意(Duncan,1993;Duncan & Nimmo-Smith,1996)。

　　然而,近十几年来,越来越多的研究证据表明视觉注意可以选择特定的特征维度或特征值。Rossi & Paradiso(1995)研究发现,当被试辨别中央光栅刺激的空间频率或朝向时,若处在阈限附近的边缘光栅的空间频率或朝向与中央光栅的相关特征匹配,那么对边缘光栅刺激的觉察将会得到易化。Cohen & Shoup(1997)利用 flanker 干扰任务研究发现,只有当干扰子与目标刺激在同一个维度上可能引发不一致反应的情况下才会观察到 flanker 干扰效应,而干扰刺激的其他维度所引发的不一致反应并不会干扰对目标的反应(Maruff,Danckert,Camplin, & Currie,1999;Remington & Folk,2001)。此外,关于重复盲(repetition blindness)的研究也发现,只有在重复呈现任务相关维度的某个特征值情况下才会发生重复盲现象,而重复呈现无关维度并不会产生重复盲现象(Kanwisher,Driver, & Machado,1995)。

　　目前,有关基于特征维度的注意的最有影响的理论当数 Müller 及其同事所提出的维度权重理论(dimension-weighting account;Müller,Heller, & Ziegler,1995;Found & Müller,1996)。他们采用单特征目标(singleton feature targets)视觉搜索任务,并且目标特征在试验(trials)间随机变化。实验结果显示,若某一试验中的目标特征维度与其前一个试验中的目标特征维度不同的话(跨维度搜索,cross-dimension search),那么对该试验中的目标觉察反应会明显变慢;然而,当目标的特征维度不变而仅仅是特征值发生改变的时候(维度内搜索,within-dimension search),却没有发现类似的搜索绩效下降的现象。Müller 及其同事引用维度权重这个概念来解释上述实验结果,认为目标觉察是通过增加对某个特定的维度而不是特征值的注意权重(attentionl weight)来实现的,当目标特征维度发生变化时注意需要从一个维度转移到另一个维度,从而导致觉察反应变慢。按照维度权重理论,由于注意资源是有限的,因此,在任何时刻物体的各个特征维度都不可能得到同样多的充足注意资源。根据实验指导语和目标特征维度在试验间的变化状况,在某个时刻被试会将更多的注意权重分配给某个潜在的目标特征维度。若某个特征维度得到的注意权重越多,那么对以该特征维度定义的目标的觉察反应就会越快。当要求被试在速视条件下同时辨别两个特征时,与上述分析器理论的预期不同,维度权重理论的预期是,对同一维度的特征判断的正确率要显著高于不同维度的特征判断的正确率,因为在某个时刻有限的注意资源很难分配给物体的两个或两个以上的特征维度(Müller & O'Grady,2000)。有关维度权重理论我还将在后面的"总讨论"章节里结合我的研究结果做进一步的论述。

当然,视觉注意不仅可以选择特征维度,它也可以选择某个特征值(Nobre,Rao,& Chelazzi,2006;Maunsell & Treue,2006;Saenz,Buracas,& Boynton,2003)。基于特征的注意选择对于完成视觉搜索任务具有重要意义,视觉搜索开始于对目标特征的觉察,存储在记忆中的目标特征可以引导空间注意选择视场中具有目标特征的物体所在的空间,然后再对所选空间内的物体进行加工以辨别它是否为目标(Hopf,Boelmans,Schoenfeld,Luck,& Heinze,2004;Shui-I & Sperling,1996)。

(二)注意控制

视觉注意资源是有限的,因此,在某一时刻视觉系统只能选择非常有限的信息来做进一步的加工。然而,注意是以何种方式来选择信息的呢? 为什么在某个时刻注意选择的是视场中的这个物体而不是那个物体呢? 这些问题就涉及了注意控制(attentional control)。鉴于视觉注意包括对相关信息的选择和对无关信息的抑制这两个方面(Neill,1977;Tipper,1985),下面我将分别从选择相关刺激和抑制无关刺激这两个方面来论述现有的注意控制理论。然而,这仅仅是为了写作的方便,因为选择相关目标和抑制无关干扰只是同一个注意过程的两个不同的方面而已,因此,读者应该将这些注意控制理论综合起来加以理解。

1.选择相关刺激:内源性注意与外源性注意

总体而言,视觉注意选择相关信息的方式有以下两种:第一,注意选择视场中的某个刺激是因为个体认为该刺激对于达到当前任务目标非常重要,因此,这种情况下个体的任务目标和主观意图控制着视觉注意选择。认知心理学家称这种主动的注意选择机制为目标导向(goal-directed)注意或内源性(endogenous)注意,它以自上而下的方式控制着注意选择;第二,由于视场中的某个刺激具有不同于周围其他物体的奇异特性,如闪光或突然出现的新刺激,注意被该显著刺激自动捕获而不管个体当前的任务目标或主观动机是什么。这种被动的注意选择机制被称为刺激驱动(stimulus-driven)注意或外源性(exogenous)注意,它以自下而上的方式控制着注意选择。

Posner 所开发的空间线索范式是认知心理学家用以研究内源性与外源性注意的主要工具(Posner,1980)。在这种任务范式中,研究者通常设置有三种不同的条件:(1)基线条件,即在目标呈现之前没有线索提示;(2)线索有效条件,即目标呈现在线索提示的空间位置上;(3)线索无效条件,即目标没有出现在线索提示的空间位置上。研究内源性注意时线索一般是呈现在屏幕中央的符号(如箭头),并且在绝大部分试验(trials)中中央线索都是有效的,这样被试就有明显动机主动将注意转移至线索提示空间;而研究外源性注意时线索一般为呈现在视野边缘的奇异刺激(如闪光),并且边缘线索的有效性仅为50%,这样被试就没有明显动机去主动转移注意至线索提示空间。线索提示任务范式的一般结果是,无论采用中央线索还是边缘线索,相对于基线条件下的反应时,被试在线索有效条件下的反应时加快而在线索无效条件下的反应时变慢。研究者根据这种线索提示效应认为,中央线索能够引导被试主动转移视觉注意(内源性注意),而边缘线索能够自动捕获视觉注意至它所在的空间位置(外源性注意)。此外,在这里需要特别提及的是,尽管注意转移通常伴随有眼睛、头部甚至整个身体的运动,但是,大多数研究所考察的是在保持眼睛不动的条件下的内隐注意转移(covert orienting of attention)。

内源性注意与外源性注意是两个不同的注意控制机制,它们的差别主要表现在以下几个方面:第一,内源性注意容易受到当前工作记忆负载的影响,而外源性注意不会受记忆负载的影响。Jonides(1981)研究发现,无论是否有工作记忆负载,外源性线索都能自动捕获注意;然而,内源性线索的作用却会被工作记忆负载大大减弱。第二,当线索有效性仅仅为50%并且要求被试忽视线索时,被试能够忽视内源性线索但却很难忽视外源性线索。也就是说,与外源性注意具有自动化性质不同,内源性注意转移依赖于线索有效性的高低,只有在线索能够预测目标将要出现的空间位置的时候才会发生内源性注意转移(Jonides,1981)。第三,两者的时间过程不同。内源性线索所引导的注意转移发生得比较缓慢,大约在内源性线索呈现后300 ms才达到最大效果,随后保持相对稳定;而外源性线索能够快速捕获视觉注意,大约在线索呈现后100 ms左右就达到最大效果,随后外源性线索的作用不断下降,到200—300 ms后其作用发生反转,即有效线索条件下的反应时反而要慢于无效线索条件下的反应时,这种现象被称为返回抑制(inhibition of return)。

然而,在内源性注意转移中却不存在这种返回抑制现象,除非要求被试根据内源性线索准备或执行眼跳(Rafal,Calabresi,Brennan,& Sciolto,1989;Cheal & Lyon,1991)。第四,在线索呈现后的短期(约 200 ms)之内,外源性线索的作用要明显大于内源性线索的作用(Jonides,1981;Müller & Rabbitt,1989)。第五,内源性注意产生的必要前提是被试能够意识到内源性线索的存在并理解其含义(如看到箭头的指向),而外源性注意转移可以在没有意识到外源性线索的条件下产生(McCormick,1997;Danziger,Kingstone,& Rafal,1998)。

然而,视觉注意具有灵活的适应性,它服务于个体当前的任务目标并使得个体能够适应环境而获得生存。因此,在实际生活中,外源性注意和内源性注意并非独立起作用的,而是以交互作用的方式共同影响着视觉加工过程。例如,正如flanker 效应或 Stroop 效应等经典认知现象所揭示的,外界刺激因素会制约个体的目标导向行为,在很多场合下个体很难忽视视场中的干扰刺激。尤其是像突显(pop-out)或突现(abrupt onset)刺激等具有显著奇异特征的外源性因素,它们通常会以自下而上的方式自动捕获视觉注意从而干扰了目标导向的内源性注意。然而,外源性注意似乎也不能够以纯粹的自下而上的方式起作用,而是会受到个体当前的任务目标或主观意图等内源性因素的制约和影响。Folk,Remington,& Johnston(1992)提出一个有条件的自动捕获假说(contingent involuntary capture hypothesis),认为外界刺激是否能够捕获注意完全取决于注意控制装置(attentional control settings),只有当视野中的刺激具有注意控制装置中的目标特征时它才会自动捕获注意。Folk 等人(1992)让被试完成一个视觉搜索任务,搜索目标可能是一个突显颜色刺激(如在白色干扰子中搜索红色目标)也可能是一个突现刺激(如搜索视场中出现的一个新物体)。在搜索任务之前会呈现一个线索刺激,该线索也是一个突显颜色或突现刺激。实验结果发现,即使当明确要求被试忽视线索(因为线索有效性仅为 50%)时,被试仍然对落在线索提示空间上的目标的反应要快,说明外源性线索自动捕获了视觉注意。然而,这种外源性注意会受到被试的注意控制装置的影响:突显颜色线索只有在搜索目标为突显颜色刺激时才会捕获注意,同样,突现线索只有在要求被试搜索突现目标时才会捕获注意。因此,尽管外源性注意可以自下而上的方式引导视觉注意选择视场中的显著刺激,然而,当个体在搜寻某个特定目标时,自上而下的内源性注意会调节这种外源性注意。

尽管 Folk 等(1992)提出的有条件自动捕获假说得到了一些研究证据的支持(Folk,Remington,& Johnston,1993;Folk,Remington,& Wright,1994;Folk & Remington,1998,1999;Bacon & Egeth,1994;Gibson & Amelio,2000;Arnott,Pratt,Shore,& Alain,2001),但是,有条件的自动捕获假说似乎又与其他一些研究结果相矛盾(Theeuwes,1992,1994,2004)。例如,Theeuwes(2004)就明确主张,

突显或突现刺激引起的外源性注意不会被自上而下的注意所阻止。不过,上述两种表面上看来似乎矛盾的理论观点现在正在慢慢相互兼容,其中,外源性注意与内源性注意在时间过程的差异性为理解这两种视觉注意机制之间的交互关系提供了一个独特的视角。如前所述,外源性注意具有自动化性质,它在视觉过程的早期就产生了,而内源性注意产生的过程相对较慢。因此,在视觉加工的早期阶段,视场中的显著刺激会以自下而上的方式自动捕获注意,而在后期阶段内源性注意将占主导地位,外源性注意此时将会受到内源性注意的影响(Kim & Cave,1999;Lamy,Tsal,& Egeth,2003;Connor,Egeth,& Yantis,2004)。考虑到注意转移具有移动、选择和脱离这三种不同的成分,上述时间过程的差异反映了内源性因素仅仅影响的是外源性注意的脱离成分。也就是说,在任何时候和条件下,视野中具有显著特征的无关刺激都会自动捕获视觉注意,但是,当无关刺激具有注意控制装置中的目标特征时,被无关刺激所捕获的视觉注意就很难脱离之;而当无关刺激没有注意控制装置中的目标特征时,被无关刺激所捕获的视觉注意就能很快脱离之(Schreij,Owens,& Theeuwes,2008)。因此,关于内源性注意与外源性注意之间的交互关系的恰当说法应该是:视野中具有显著特征的无关刺激(如突显或突现刺激)在任何时候都能以自下而上的方式自动捕获视觉注意而不受内源性因素(如任务目标或主观意图)的影响。但是,如上所述,视觉注意一旦被外源性刺激捕获之后能否快速脱离就取决于外源性刺激与内源性因素之间的匹配关系了。

与这种观点相一致,Stolz(1996)认为,在外源性注意的三个成分之中,可能只有移动到并选择外源性线索所在空间才算是真正的自动化过程,而脱离外源性线索所在空间的过程容易受到自上而下的内源性因素的影响。

2. 抑制无关刺激:选择性注意的负载理论

视觉注意除了其选择功能外,它同时还具有抑制无关刺激的功能。Lavie 及其同事提出一个选择性注意的负载理论(load theory),阐述了抑制无关刺激的两种注意机制。第一种注意机制是在高知觉负载(perceptual load)条件下无关刺激由于得不到充足的注意资源而不能获得知觉加工,这是一种相对被动的抑制机制;第二种注意机制是在低知觉负载条件下当无关刺激获得知觉加工后阻止它获得对行为的控制,这是一种相对主动的抑制机制,它依赖于诸如工作记忆等高级认知功能(Lavie,Hirst,de Fockert,& Viding,2004;Lavie,2005)。因此,注意对无关刺激的抑制表现为两个不同的水平:(1)阻止无关刺激获得知觉加工;(2)若无关刺激已经得到了知觉加工的话,阻止它继而获得对行为的控制权。

对于能否阻止无关刺激获得知觉加工,认知心理学界在过去的四十年里存在两种不同的观点。一种观点主张目标导向的注意完全能够阻止与任务目标无关的刺激获得早期知觉加工(早期选择论),而另一种观点主张无论是目标刺激还是无关干扰刺激都能得到早期知觉加工,注意只能影响诸如记忆或反应选择等知觉加工以后的过程(后期选择论)。长期以来这两种不同的理论观点之间的争论很难得到解决,因为它们各自分别都得到了大量实验证据的支持。直到最近,早期选择论与后期选择论之间的理论争论才被 Lavie 及其同事的原创研究所解决。Lavie(1995;Lavie & Tsal,1994)认为加工任务相关刺激的知觉负载决定了无关刺激是否能够得到知觉加工。在高知觉负载条件下,由于加工任务相关刺激耗尽了注意资源从而导致没有足够的注意资源用以加工无关刺激(早期选择),而在低知觉负载条件下,由于加工任务相关刺激不需要很多资源,多余的注意资源就会"溢出"用以加工无关刺激(后期选择)。研究者一般通过增加与任务目标加工相关的刺激数量或保持刺激数量不变但提高知觉加工的要求等方式来提高知觉负载的水平。按照知觉负载模型,早期选择发生在高知觉负载条件下,而后期选择发生在低知觉负载条件下。Lavie & Tsal(1994)通过仔细检查以往注意研究的实验条件发现,那些支持后期选择的实验任务涉及的都是低知觉负载(如仅仅呈现一个目标和一个干扰子),而那些支持早期选择的实验任务涉及的都是高知觉负载(如呈现较多数量的刺激)。Lavie(1995;Lavie & Cox,1997)通过直接操纵知觉负载的水平研究发现,提高知觉负载能够降低 flanker 干扰效应,从而说明在高知觉负载条件下对无关刺激的知觉加工受到抑制。Lavie & Fox(2000)通过研究知觉负载对负启动(negative priming)效应的影响发现,提高目标加工的知觉负载能够降低负启动效应。由于负启动效应反映了无关刺激虽然获得知觉但其对行为的影响受到积极抑制,Lavie & Fox(2000)认为高知觉负载条件下负启动效应的下降不可能是由于无关刺激引起的行为反应受到更多的积极抑制,而是由于无关刺激受到更少的知觉加工。神经成像研究也发现与无关刺激的知觉加工相联系的神经活动在高知觉负载条件下明显减少,从而为高知觉负载条件下无关刺激的知觉加工受到抑制提供了更为直接的证据(Rees,Frith,& Lavie,1997)。

尽管在高知觉负载条件下对无关刺激的知觉能够被阻止,但是在低知觉负载条件下无关刺激却能够获得知觉加工,从而使得无关刺激可能和目标刺激竞争对行为的控制权。然而,尽管如此,正常人(尤其是年轻人)通常都能够选择正确的目标反应,而不会对无关刺激做出外显的行为反应。因此,在低知觉负载条件下,当目标刺激和无关刺激都得到知觉加工时,个体需要通过积极的认知控制过程来确保正确的反应选择,即保证外显行为处于目标刺激而不是无关刺激的控制。这种认知控制过程主要是额叶皮层(frontal cortex)的功能,包括工作记忆与双任务协调等,它对于保持任务加工的优先权以保证当前目标能够引导行为具有重要作用。因此,当额叶皮层的认知控制功能受损或超负载的话,个体的外显行为就会受到与任务目标无关的刺激的更多干扰。Maylor & Lavie(1998)为这种认知控制对于后期选择的作用提供了证据,他们研究发现在非常低的知觉负载条件下,老年人比年轻人的反应选择更容易受到无关刺激的干扰。Maylor & Lavie(1998)认为这是由于老年人的额叶皮层大量细胞已经老化或坏死,因此老年人的认知控制功能较之年轻人来说严重下降了,从而导致老年人在低知觉负载条件下不能很好地抑制已经得到知觉加工的无关刺激对行为的影响。即使对于正常年轻人来说,在高工作记忆负载的条件下其受到无关刺激的干扰也会增加。de Forckert,Rees,Frith,& Lavie(2001)要求被试在工作记忆保持阶段完成选择性注意任务,注意任务是要求被试对呈现在屏幕上的人名进行分类(明星或政治家)并忽视同时呈现的干扰人脸。人脸和人名引起的反应可能不一致(如在 Bill Clinton 脸上写着 Mick Jagger 的名字),也可能是一致的。实验结果发现,与低工作记忆负载条件相比,在高工作记忆负载条件下不一致人脸所引起的干扰反应更大,说明在高工作记忆负载条件下被试不能够很好地控制干扰人脸的影响。此外,Lavie & de Forckert(2005)研究发现,在视觉搜索任务中无关的突显刺激的干扰效应会随着工作记忆负载的增加而增加,从而进一步证明工作记忆对于保持任务目标的优先权以引导视觉注意选择目标并抑制无关刺激的干扰起着重要作用(Lavie,Hirst,de Fockert,& Viding,2004;Desimone & Duncan,1995;Duncan & Humphreys,1989)。将注意集中在与当前任务目标相关的刺激上的能力对于个体顺利完成任务非常重要,尤其是当还有其他无关刺激可能会产生干扰时更为如此。然而,无论是在实验室里还是在日常生活中,尽管我们非常明确要尽量忽视无关刺激,我们还是会经常受到无关刺激的干扰,这说明仅仅要求人们注意目标并忽视无关刺激并不能够排除无关刺激的干扰。Lavie 及其同事根据他们近年的研究成果提出注意选择的负载理论,认为加工任务相关信息所涉及的负载的水平和类型决定了视觉注意对无关刺激的抑制作用。高知觉负载是阻止无关刺激获得知觉加工的关键条件,而当在低知觉负载条件下无关刺激获得知觉加工之后,积极的认知控制是维持当前任务目标的优先权并阻止无关刺激控制行为的必要条件(Lavie,1995,2005,2006;Lavie & Tsal,1994;Lavie & Cox,1997;Lavie & Fox,2000;Lavie,Ro,& Russell,2003;Lavie,Hirst,de Fockert,& Viding,2004;Lavie & de Forckert,2005;Maylor & Lavie,1998;de Forckert,Rees,Frith,& Lavie,2001;Forster & Lavie,2007,2008;Macdonald & Lavie,2008;Beck & Lavie,2005)。选择性注意的负载理论不仅解决了早期选择论与后期选择论之间的长期争论,而且阐明了认知控制在视觉注意选择中的重要作用,为我们理解视觉注意如何抑制无关刺激的干扰作用做出了重要贡献。

四、工作记忆内容对视觉注意的引导作用

工作记忆和视觉选择性注意是对人类意识和行为有着重要作用的两大认知过程,尽管对它们分别进行深入研究是必需的,但是由于人类的心理和行为通常受工作记忆和视觉注意的共同影响,因此,研究两者之间的相互关系对于揭示心理和行为规律可能更为重要。近年来,工作记忆与选择性注意之间的交互作用成为认知心理学的一个研究热点,其中,工作记忆内容对视觉注意的引导作用就是一个重要方面。请回想一下引言中所提到的例子:你行走在大街上,并且头脑中正在想着一个你最近非常想念的朋友。突然,前面人群中有一个人引起了你的注意。这时,你发现那个人和你头脑中正在想的那位朋友长得非常相像。这个例子说明我们当前的工作记忆内容会影响视觉注意选择,视场中与工作记忆内容相同或相似的物体会优先获得注意偏向并得到进一步的认知加工。在本书中,我将视场中与工作记忆内容相同或相似的物体称为记忆匹配项(memory match)。一般来说,记忆匹配项有两种类型:(1)具有目标特征的记忆匹配项,注意这种记忆匹配项将会有利于完成当前的视觉注意任务;(2)作为干扰刺激的记忆匹配项,注意这种记忆匹配项将会不利于完成当前的视觉注意任务。下面我将按照实验中所采用的记忆匹配项的类型分两部分来回顾以往有关工作记忆内容对视觉注意的引导作用的研究。

(一)具有目标特征的记忆匹配项:主动引导

当记忆匹配项与当前视觉注意任务的目标具有共同特征时,被试可能会采取主动注意记忆匹配项的策略以更好地完成注意任务。因此,在这种情况下,工作记忆内容可以被用来主动引导视觉注意选择视场中与之相同或相似的刺激。如果想象可以被看成是工作记忆的一种表现形式的话,那么关于工作记忆内容主动引导视觉注意的研究最早可以追溯到 Farah 关于想象与知觉的交互作用研究(Farah,1985,1989)。例如,Farah(1985)先让被试想象一个字母(T 或 H),然后随机呈现模糊的字母 T 或 H,要求被试做二择一迫选任务。实验结果发现,被试能更好地探察到与正在想象的字母相匹配的模糊字母,说明当前的工作记忆内容能够引导注意选择与之匹配的刺激并进而促进其知觉加工。一些经典的注意模型都认为,在视觉搜索中保持在工作记忆中的目标模板对视觉注意起着自上而下的引导作用,从而使得视场中具有目标特征的刺激优先获得注意偏向(Duncan & Humphreys,1989;Bundesen,1990;Wolfe,1994)。例如,当任务要求搜索一个红色三角形时,视野中

的红色物体或三角形会优先得到注意加工以便与搜索目标进行比较。因此,视野中的物体与保持在工作记忆中的目标模板之间的匹配性决定了其被注意选择的可能性,目标模板会引导注意选择那些与其相似的物体。这种目标导向的注意选择反映了保持在工作记忆中的物体表征可以自上而下的方式主动引导视觉注意。

保持在工作记忆中的目标模板似乎能够影响视觉加工的早期过程。在视觉搜索任务中,当搜索目标与干扰刺激之间的区别比较明显时(如在倾斜线段中搜索垂直线段),被试对目标的搜索效率会显著提高(Wolfe,Friedman-Hill,Stewart,& O'Connell,1992)。然而,这种效应依赖于保持在工作记忆中的目标模板对注意的引导作用,只有当被试明确搜索目标的特征并将之积极保存在工作记忆中时,搜索目标与干扰刺激之间的区别越大则搜索效率越高;若被试不明确搜索目标的特征是什么,而只被告知搜索"与众不同"的刺激时,目标与干扰刺激之间的特征差异不会对搜索绩效产生明显影响(Hodsoll & Humphreys,2005,2001;Hodsoll,Humphreys,& Braithwaite,2006)。

Desimone & Duncan(1995)提出的偏向竞争模型(biased competition model)是一个比较有影响的视觉注意模型,该模型强调保持在工作记忆中的目标模板在解决视场中不同物体之间竞争注意资源中的关键作用。根据偏向竞争模型,在视觉搜索场景中,视场中充满了许多物体。由于注意资源有限,不同物体表征就会以相互抑制的方式竞争注意资源以获得更高水平的加工,"获胜者"将最终得以控制个体的知觉和行为反应。此时,工作记忆中处于激活状态的目标模板就会以自上而下的方式增强早期视觉皮层中与目标模板相匹配的物体表征,从而使得视场中与目标模板相同或相似的物体表征取得竞争优势而被视觉注意优先选择。对灵长类动物的单细胞神经生理学研究为偏向竞争模型提供了重要证据(Chelazzi,et al.,1993,1998,2001)。例如,Chelazzi等人(1993)在一个简单的视觉搜索任务中记录短尾猿的下颞叶细胞的神经活动。在每一次试验(trial)开始时给短尾猿呈现搜索目标,过段延迟时间后呈现包含两个物体的搜索刺激,其中一个物体就是目标,要求短尾猿朝目标所在的空间位置执行眼跳。实验结果发现,在搜索刺激呈现之前的延迟阶段下颞叶细胞持续对搜索目标表现出选择性反应,表明搜索目标消失后目标模板仍然积极保持在工作记忆之中。当搜索刺激呈现后,神经活动最初没有表现出选择性,但很快又只对目标产生选择性反应。研究者认为,工作记忆中积极保持的目标模板能够以自上而下的方式调节早期视觉皮层的神经活动,从而使得视场中具有目标特征的物体优先获得注意偏向。

偏向竞争模型也得到了以人类为被试的行为学研究结果的支持。Downing(2000)要求被试在工作记忆保持阶段完成一个探测区分任务(probe discrimination task)。如图 1-3 所示,在每一次试验开始时呈现一张人脸图片(记忆项),并要求被

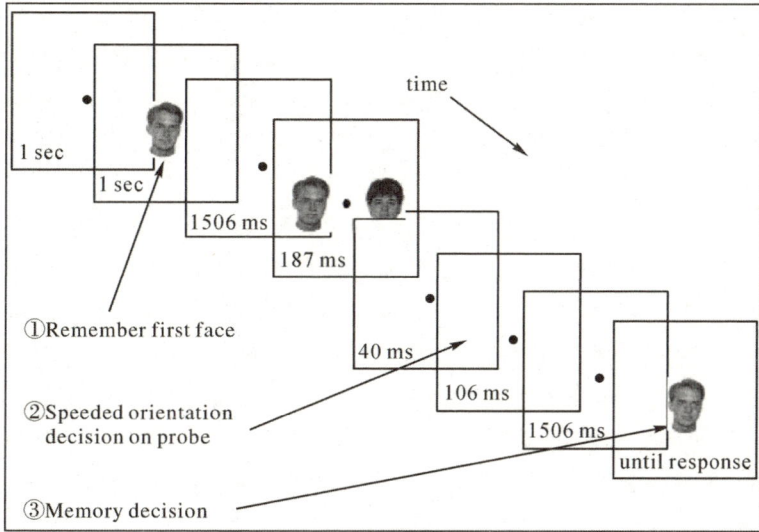

图 1-3 Downing(2000)所用的任务范式

试记住该人脸,然后,在工作记忆保持阶段呈现一个注意探测目标,要求被试快速判断目标的开口方向。在探测目标呈现之前有两个无关人脸快速闪现,其中一个人脸与记忆项相同(记忆匹配项),而另一个是新人脸(非记忆匹配项)。实验结果发现,被试对呈现在记忆匹配项所在空间位置的注意探测目标的反应时要明显快于对呈现在非记忆匹配项所在空间位置的探测目标的反应时,从而说明在工作记忆内容的引导下记忆匹配项获得了视觉注意偏向。在这个研究中,尽管快速闪现的两个人脸与任务是无关的,但是,由于记忆匹配项在每次试验中都会呈现,并且在 50% 试验中记忆匹配项与接下来呈现的探测目标所在空间位置是相同的,因此,被试会采取主动注意记忆匹配项的策略以更好地完成工作记忆和注意探测任务。换句话说,由于记忆匹配项具有探测目标的某个特点(即两者占有共同的空间位置),Downing(2000)的研究结果实际上反映了被试利用工作记忆内容主动引导视觉注意选择记忆匹配项。与此类似,Pratt & Hommel(2003)在每次试验开始时于屏幕中央呈现一个目标线索,该目标线索是从预先设定的 4 种颜色中随机挑选的一种颜色,用来指示被试接下来应该做反应的目标。在目标呈现之前,于屏幕中央呈现四个具有不同颜色的箭头,其中一个箭头的颜色与目标线索的颜色相同。实验任务要求被试根据目标线索对接下来呈现的目标进行选择性反应,当目标颜色与线索颜色相同时被试要尽快按空格键进行反应,而当两者颜色不同时不需要对目标做按键反应。实验结果发现,被试对呈现在与目标线索具有相同颜色的中央箭头所指示的外周空间上的目标刺激有更快的反应,说明当前工作记忆中积极保持的目标线索会引导注意选择与之具有相同颜色的中央箭头,并且随后注意又会自动转向该中央箭头所指示的外周空间,从而易化了落在该空间上的目标刺激的反应。因为每次试验中都会有一个中央箭头和目标线索具有相同的颜色,并且该中央箭头所指示的外周空间可能就是接下来的目标所呈现的空间位置,因此,Pratt & Hommel(2003)的研究结果本质上反映的仍然是工作记忆内容对视觉注意的主动引导作用。

在以往大多数研究中,记忆匹配项都是与工作记忆内容在物理特征上完全相同的物体,因此,在这种情况下工作记忆内容对视觉注意的引导作用是建立在目标模板与知觉表征之间的具体物理特征匹配关系基础之上的。Moores, Laiti, & Chelazzi(2003)首次证明了工作记忆内容对视觉注意的引导作用也可以建立在目标模板与知觉表征之间的抽象语义联系基础之上。研究者在每次试验中首先呈现给被试一个描述搜索目标的英文单词(如"key"),然后短暂呈现包含若干物体的视觉搜索刺激,此时被试需要尽快通过按键反应判断是否存在单词所描述的视觉目标(钥匙),按键反应之后要求被试自由回忆之前呈现的搜索刺激。结果发现,视场中出现的与搜索目标具有语义关联的物体(铜锁)容易获得注意偏向,自由回忆测验结果也显示与目标具有语义关联的物体比与目标没有语义联系的物体更容易被报告出来。Moores 等人(2003)认为,当前工作记忆中所保持的目标模板不仅能够引导视觉注意选择视场中和目标完全匹配的物体,而且还能够引导视觉注意选择和目标具有语义关联但在物理特征上并不匹配的物体。

(二)作为干扰刺激的记忆匹配项:自动引导?

如前所述,当记忆匹配项具有视觉搜索任务的目标特征时,被试会利用保持在当前工作记忆中的目标模板主动引导视觉注意选择记忆匹配项,因为被试认为利用这种搜索策略能够提高搜索绩效。然而,当记忆匹配项不具有搜索任务的目标特征而是作为干扰刺激出现在视觉搜索场景中时,工作记忆内容是否仍然能够引导视觉注意优先选择记忆匹配项? 在这种情况下,由于记忆匹配项不是与视觉搜索任务的目标模板匹配,而是与保持在工作记忆中的其他无关记忆表征相匹配,被试将没有明显动机去主动选择记忆匹配项,因为主动注意作为干扰刺激的记忆匹配项将会不利于完成搜索任务。因此,当记忆匹配项作为干扰刺激出现在视觉搜索场景时,如果它仍然能够优先获得注意偏向,那么就说明工作记忆内容不仅能够主动引导视觉注意,它也能够自动引导视觉注意选择视场中与之匹配的物体。

Soto, Heinke, Humphreys, & Blanco(2005)通过要求被试在工作记忆保持阶段完成视觉搜索任务的范式考察了工作记忆内容对早期视觉加工过程的自上而下的控制作用。在每次试验开始时给被试呈现一个彩色几何图形,要求被试记住其颜色和形状直到本次试验结束。然后,在工作记忆保持阶段呈现视觉搜索任务,要求被试在竖直线段中搜索倾斜的线段,每条线段都被一个彩色几何图形包围着。有三种试验类型:(1)视觉搜索刺激中没有记忆匹配项(基线试验);(2)视觉搜索刺激中有一个包围着搜索目标的记忆匹配项(有效试验);(3)视觉搜索刺激中有一个包围着干扰刺激的记忆匹配项(无效试验)。反应时结果显示,与基线试验的搜索绩效相比,有效试验中的搜索反应时更快,而无效试验中的搜索反应时更慢,并且这种效应在最快的搜索反应时中依然存在。此外,眼动数据显示工作记忆内容也影响了被试的第一次眼跳行为,与基线试验相比,在无效试验中被试朝向目标进行的第一次眼跳次数明显减少,在有记忆匹配项存在的试验中第一次眼跳通常被记忆匹配项所捕获。Soto等人(2005)根据这些结果总结道,工作记忆内容可以自上而下的方式引导视觉注意选择视场中与之相匹配的物体,尽管这样做会不利于当前视觉搜索任务的完成,并且这种自动引导作用在视觉过程的早期阶段就已经发生了。Soto, Humphreys, & Heinke(2006a)采用相同的任务范式进一步证明了这种基于工作记忆内容的自上而下的控制作用可以发生在早期视觉过程。他们发现即使视觉搜索目标是一个具有显著特征的突显刺激,与搜索刺激中没有记忆匹配项的情况相比,当记忆匹配项作为干扰刺激存在时,搜索反应时会明显变慢,并且朝向目标的第一次眼跳次数明显减少。这说明在前注意阶段就可以完成的突显目标搜索过程也能够受到当前工作记忆内容自上而下的影响,从而进一步证明了这种发生在早期视觉阶段的自上而下的控制过程具有自动化性质(又见 Olivers, Meijer, & Theeuwes, 2006)。

　　以往大多数研究中要求被试记忆的刺激都是以视觉形式呈现的非言语刺激,然而,由于被试可能会对这些视觉刺激进行语音编码,从而使得我们无法知道引导视觉注意的工作记忆表征到底是语音编码的还是视觉编码的。换句话说,在自动引导视觉注意的过程中工作记忆内容是否必需以视觉方式进行编码?纯粹的语音工作记忆表征能否自动引导视觉注意?Soto & Humphreys(2007)首次对该问题进行了实证研究,实验中呈现描述物体颜色和形状的英文词汇(如"red square")同时要求被试出声朗读该词汇并记住之,以确保词汇确实以语音编码形式保存在工作记忆中。实验结果发现,与基线条件相比,当搜索刺激中有一个干扰子具有记忆词汇所描述的特征时,搜索反应时明显变慢,并且这种效应和当记忆刺激以非言语的视觉形式呈现时的效应是相同的。Soto & Humphreys(2007)认为这说明了视觉编码并非是基于工作记忆内容的视觉注意捕获发生的必需条件,语音工作记忆内容同样能够自动引导视觉注意。同时,上述结果也反映了基于工作记忆内容的视觉注意捕获可以建立在更为抽象的语义联系基础之上。

　　然而,其他一些研究结果似乎并不支持工作记忆内容能够以完全自动化的方式引导视觉注意。Oh & Kim(2003)认为,由于保持在工作记忆中的目标模板在执行搜索任务过程中具有最高优先权,因此,目标模板会以自上而下的方式引导视觉注意选择视场中具有目标特征的刺激,从而导致同时保持在工作记忆中的其他物体表征对视觉注意的引导作用受到抑制。Oh & Kim(2003)在实验中定义了两种搜索目标:一种搜索目标为关于竖直轴对称的图形;另一种搜索目标为某种特定形状的图形。实验结果发现,在搜索轴对称目标时出现了基于工作记忆内容的视觉注意捕获,而在搜索具有某个特定形状的目标时并没有发现工作记忆内容对视觉注意的自动引导作用。研究者认为这是因为,在搜索某个特定形状的目标时,明确的目标模板抑制了同时保持在工作记忆中的无关表征对注意的引导作用,而在搜索轴对称目标时由于目标不明确,工作记忆中的无关表征对视觉注意的引导作用没有被抑制。与此类似,Downing & Dodds(2004)要求被试同时记住两个物体,其中一个物体为视觉搜索的目标,实验结果并没有发现工作记忆内容对视觉注意的自动引导作用。研究者认为目标模板和其他无关表征在工作记忆中可能是分开存储的,只有处于注意焦点(focus of attention;Oberauer,2002;Cowan,2001)的目标模板才能够引导视觉注意。Houtkamp & Roelfsema(2006)也认为目标模板在工作记忆中具有特殊地位以优先引导视觉注意,而同时保持在工作记忆中的其他物体表征对注意的引导作用非常薄弱,并且只有在搜索目标不呈现在视场的情况下才可能被观察到。上述结果说明当工作记忆内容与当前视觉搜索任务无关时,由于受到目标模板的抑制作用无关记忆表征很难自动引导视觉注意,即使在某些条件下能够引导注意,这种引导过程的自动化程度也是非常低的。

　　此外,有研究者认为被试采取的搜索策略决定了工作记忆内容在视觉搜索中的作用。Varakin(2006)采用类似于Downing(2000)的任务范式研究发现,只有当被试采取主动注意记忆匹配项的策略时工作记忆内容才能够引导视觉注意,而那些报告没有采取这种策略的被试的搜索绩效并没有受到工作记忆内容的影响,这表明工作记忆内容引导视觉注意是一个主动过程,它不会违背被试的主观意图以自动化的方式产生。Woodman & Luck(2007)甚至发现,与视觉搜索场景中不存在记忆匹配项的基线条件相比较,当记忆匹配项作为干扰刺激出现在视觉搜索场景中时,搜索绩效不仅没有明显下降而且还有所提高。研究者认为,工作记忆内容不会自动引导视觉注意,并且当被试知道记忆匹配项不可能是目标时,被试会采取主动回避作为干扰刺激的记忆匹配项的策略以提高搜索绩效,因此,被试能够灵活主动地利用工作记忆内容来引导视觉注意。

五、问题提出

综上所述,对于工作记忆内容是否能够以自动化的方式引导视觉注意这个问题目前学者们还存在不同的观点,有的学者认为工作记忆内容能够自动引导视觉注意(Soto & Humphreys,2007;Soto,Heinke,Humphreys,& Blanco,2005;Soto,Humphreys,& Heinke,2006a;Olivers,Meijer,& Theeuwes,2006),但也有学者认为工作记忆内容不能够以完全自动化的方式引导视觉注意,目标模板或搜索策略会影响工作记忆内容对注意的引导作用(Oh & Kim,2003;Downing & Dodds,2004;Houtkamp & Roelfsema,2006;Varakin,2006;Woodman & Luck,2007)。这促使我们需要重新思考基于工作记忆内容的视觉注意捕获的自动性。Varakin(2006)认为,为了检验工作记忆内容是否能够自动引导视觉注意,研究者在实验设计上需要同时满足以下四条标准:第一,明确被试在执行视觉注意任务时保持在工作记忆中的内容是什么。如果研究者不知道被试当前工作记忆内容的话,那么工作记忆内容如何引导视觉注意也就无从谈起;第二,保证工作记忆表征应该是强健的(robust)。如果工作记忆中同时保持多个物体表征的话,各记忆表征之间就会相互竞争对注意的引导而彼此抑制,最终导致很难观察到基于工作记忆内容的视觉注意捕获;第三,注意任务应该能够准确测量视觉注意的分配情况,否则无法判断工作记忆内容影响的是知觉注意阶段还是知觉后阶段,如反应决策;第四,要排除被试采取主动注意记忆匹配项的策略,否则实验结果可能反映的是工作记忆内容对视觉注意的主动引导作用。

根据 Varakin(2006)所提出的四条标准,笔者发现以往相关研究很少满足所有这些标准,从而使得以往研究结果并不能真正说明基于工作记忆内容的视觉注意捕获的自动化性质。例如,尽管 Downing(2000)的任务范式满足前三个标准,但是它不满足第四个标准,因为注意任务的目标可能会落在记忆匹配项所在空间位置,被试会采取主动注意记忆匹配项的策略去完成注意探测任务。同样地,Soto 等人(2005,2006a)的任务范式也不满足第四条标准,因为有些试验中记忆匹配项包含了搜索目标(有效试验),从而导致被试可能会采用主动注意记忆匹配项的策略去完成视觉搜索任务。另外,Soto 等人(2005,2006a)的任务范式也不满足第二、三条标准,因为被试在工作记忆中需要同时保持搜索目标和无关记忆表征,这样就会使得无关记忆表征受到搜索目标的抑制而变得不再强健,同时,视觉搜索任务中所发现的搜索反应时变化可能反映的是反应决策时间而非注意分配时间的变化(Huang & Pashler,2005)。在这里,笔者发现以往研究中除了 Downing(2000)采用探测区分任务作为注意任务之外,其他所有研究都采用视觉搜索任务作为注意测量任务,因此,可以说以往大多数研究都不符合第二、三条标准。从这个角度来说,如果能够对 Downing(2000)的任务范式加以改进,使得被试没有明显动机去采取主动注意记忆匹配项的策略的话,那么 Downing(2000)任务范式将是用来考察基于工作记忆内容的视觉注意捕获的一个非常理想的实验范式。因此,本研究中的大部分实验都采用 Downing(2000)任务范式,但是在本研究中记忆匹配项仅在50%试验中出现,并且探测目标永远不会落在记忆匹配项所在的空间位置上,从而使得被试没有明显动机去主动注意记忆匹配项,因为主动注意记忆匹配项将会不利于探测目标。

以往研究不仅在任务范式上存在一定的缺陷,而且在研究内容上也比较单一,主要考察的是视场中与工作记忆内容完全匹配的物体是否能够自动捕获视觉注意。然而,在现实生活中,这种完全匹配的情况是非常少见的,很多情况下视场中的物体可能仅在某个具体特征(如颜色)上与工作记忆内容匹配,而两者在其他物理特征(如形状)上却并不匹配。那么,这种与工作记忆内容只有部分匹配关系的知觉表征是否也能够受到工作记忆内容自上而下的调节作用而自动捕获视觉注意呢?以往研究中只有 Soto 及其同事对此问题进行了初步考察,研究者发现视场中与工作记忆内容仅在颜色上匹配的物体能够自动捕获视觉注意,但是与工作记忆内容仅在形状上匹配的物体并不能够自动捕获注意(Soto,Heinke,Humphreys,& Blanco,2005;Soto,Humphreys,& Heinke,2006a)。如前所述,由于 Soto 等人所采用的任务范式有一定的局限性,本研究将采用改进后的 Downing(2000)任务范式进一步考察视场中与工作记忆内容仅在颜色或形状上匹配的物体能否受到工作记忆内容自上而下的影响而自动获得注意偏向,并同时考察工作记忆内容中的颜色和形状信息在引导视觉注意上的效率是否存在差异。此外,本研究还将考察工作记忆中的抽象维度信息对视觉注意的自动引导作用,据我所知,迄今为止国际上还没有人研究基于工作记忆中维度信息的视觉注意捕获。如果视场中的所有物体在具体物理特征上均与工作记忆内容不相匹配,而只在抽象的特征维度上匹配时,视觉注意是否会自动选择当前工作记忆中的特征维度?例如,当要求被试只记忆红色三角形的颜色时,尽管视场中并没有红色的物体,视觉注意是否会自动选择外界物体的颜色维度?对该问题的考察将会深化我们对记忆与视觉注意之间的交互作用的理解,工作记忆内容对视觉注意的引导作用可能建立在不同形式的表征匹配关系基础之上,不仅具体物理特征匹配可以引导注意,而且更为抽象的特征维度和语义匹配也可以引导视觉注意(Moores,Laiti,& Chelazzi,2003)。再者,以往大多数研究考察的是视觉工作记忆内容对视觉注意的自动引导作用,要求被试保持在工作记忆中的刺激材料是以视觉形式呈现的非言语刺激。然而,人类不同于动物的本质特征之一是人类拥有语言符号系统,言语行为在人类个体的日常生活中起着非常重要的作用。因此,考察言语工作记忆内容对视觉注意的自动引导作用将具有重要意义。如前所述,以往研究中只有 Soto & Humphreys(2007)首次向被试呈现言语刺激作为记忆材料,以考察基于言语工作记忆中具体物理特征的视觉注意捕获。在此基础上,本研究将按照 Varakin(2006)所提出的四条标准设计新任务范式不仅考察言语工作记忆中具体物理特征对视觉注意的自动引导作用,而且还考察言语工作记忆中的抽象维度信息对视觉注意的自动引导作用,以期进一步丰富有关基于言语工作内容的视觉注意捕获的研究内容,深化对言语记忆与视觉注意之间的交互关系的认识。

最后,以往研究在考察工作记忆内容是否能够自动引导视觉注意这个问题时,都是通过设计任务范式使记忆匹配项作为干扰刺激出现在视觉搜索场景之中,从而使得被试没有明显动机去主动注意记忆匹配项,因为这样做会不利于视觉注意任务的完成。然而,这只能间接说明工作记忆内容是否能够自动引导视觉注意,当观察到作为干扰刺激的记忆匹配项获得注意偏向时,研究者并不能说明这种自上而下的记忆驱动注意捕获是否为真正强健的自动化过程。也就是说,尽管已有研究已经发现了基于工作记忆内容的视觉注意捕获这种注意机制,但是对于该注意机制的自动性仍然缺乏深入了解。事实上,一个真正强健的自动化信息加工过程至少应该满足意向性标准(intentionality criterion;Schneider & Shiffrin, 1977;Schneider & Fisk,1982)。意向性标准是指,真正的自动化过程不会受到被试主观控制(voluntary control)的影响,任何试图阻止自动化过程发生的主观努力都是无效的。例如,Yantis & Jonides(1990)通过检验突现(abrupt onset)刺激捕获视觉注意的过程是否满足意向性标准时发现,通常被认为能够自动捕获注意的突现刺激在被试注意力高度集中的条件下并不能获得注意偏向,说明突现刺激在某些条件下并不能违背主观意图而自动捕获视觉注意。Yantis & Jonides(1990)认为,突现刺激捕获视觉注意的过程并不是一个非常强健的自动化过程,它只能被看作是部分地自动化或有条件的自动化。受此启发,本研究也通过引入这个被广泛认可的意向性标准以直接检验基于工作记忆内容的视觉注意捕获的自动性。根据意向性标准,如果工作记忆内容对视觉注意的引导过程具有非常强健的自动化性质,那么它一定不会受到被试主动控制的影响。否则,若内源性注意转移能成功阻止记忆匹配项获得注意偏向,那么基于工作记忆内容的视觉注意捕获就不能被认为是真正强健的自动化过程,而最多只能说这种自上而下的注意控制过程是一个有条件的自动化过程。

六、本研究的内容

本书的实验部分包括三个系列研究,共有六个实验。研究一探讨视觉工作记忆内容对视觉注意的自动引导作用,要求被试记忆的刺激是以视觉形式呈现的彩色几何图形。实验一 A 研究基于视觉工作记忆中客体表征的视觉注意捕获,实验采用 Downing(2000)任务范式,要求被试在工作记忆任务的保持阶段完成一个探测区分任务,记忆匹配项被定义为与工作记忆表征完全匹配的物体(即颜色和形状都与记忆项相同),但是记忆匹配项仅在 50% 试验(trials)中呈现,并且探测目标永远不会落在记忆匹配项所在的空间位置上,告知被试主动注意匹配项将会不利于探测接下来的目标。实验的假设是,如果工作记忆内容能够自动引导注意的话,尽管注意匹配项会不利于探测区分任务的完成,匹配项仍会优先获得注意偏向,从而说明工作记忆中的客体表征能够自动引导视觉注意选择视场中与之相同的物体。实验一 B 用以排除知觉启动的影响,以确保实验一 A 结果确实是由于工作记忆所引起的。在此基础上,实验二继续探讨基于视觉工作记忆中具体特征值的视觉注意捕获,实验仍然采用改进后的 Downing(2000)任务范式,但此时记忆匹配项被定义为与工作记忆表征仅在颜色或形状上匹配的物体。实验的假设是,当视场中的刺激与工作记忆内容仅仅在某个物理特征上匹配而在其他特征上并不匹配时,这种部分匹配关系也能够自动引导视觉注意。实验三 A 和实验三 B 研究基于视觉工作记忆中特征维度的视觉注意捕获,实验采用选择性工作记忆任务与视觉注意任务相结合的双任务范式,要求被试仅记忆物体的颜色或形状,然后判断同时出现的两个物体的颜色或形状是否相同,并且同时呈现的两个物体的颜色和形状引发的反应永远都是不一致的(如两个物体的颜色相同但形状却不相同)。实验的假设是,如果工作记忆对视觉注意的引导作用可以建立在更为抽象的维度匹配上的话,那么与工作记忆任务和视觉注意任务的相关维度一致时的情况相比,工作记忆任务与视觉注意任务的相关维度不一致时的注意任务绩效会明显下降。

研究二探讨言语工作记忆内容对视觉注意的自动引导作用,记忆材料是以视觉形式呈现的描述物体颜色和形状的中文单词,并且在每次试验中都要求被试出声朗读单词,以确保单词确实以语音编码形式保存在工作记忆中。实验四采用类似于实验二的任务范式,记忆匹配项被定义为与中文单词所描述的颜色或形状相匹配的物体。实验的假设是,如果言语工作记忆中的具体特征也能够自动引导注意选择视场中与之匹配的视觉特征的话,记忆匹配项将会优先获得注意偏向。实验五采用类似于实验三 A 的任务范式,只是记忆材料改为描述物体颜色或形状的中文单词而已,目的在于检验言语工作记忆中的维度信息是否也能够自动引导注意选择视场中与之匹配的视觉维度。

研究三包含三个实验,旨在检验基于工作记忆内容的视觉注意捕获是否满足意向性标准,以进一步探索基于工作记忆内容的视觉注意捕获的自动性。实验范式类似于实验一 A,但是此时在一半的试验中给被试呈现中央箭头线索以提示接下来的目标将要出现的空间位置,箭头线索的有效性为 100%,因此,箭头线索所指示的空间永远与作为干扰刺激的记忆匹配项所在的空间是相反的(如箭头指向左边,则记忆匹配项就在右边)。实验的逻辑是,如果基于工作记忆内容的视觉注意捕获具有非常强健的自动性,那么由箭头线索所引起的内源性注意控制就不会阻止匹配项捕获视觉注意,否则,根据强自动性的意向性标准,基于工作记忆内容的视觉注意捕获就不能被称为非常强健的自动化过程。

第二章　基于视觉工作记忆内容的视觉注意捕获研究

在第二章中,本书探讨了视觉工作记忆内容对注意选择的引导作用,记忆材料是以视觉形式呈现的非言语刺激(彩色几何图形)。本章共包括三个实验。实验一A和实验一B研究了基于视觉工作记忆中客体信息的视觉注意捕获,并排除这种效应不是由于重复启动所引起的。实验二研究了视觉工作记忆中的具体特征信息对注意的引导作用,探讨了当工作记忆内容与视场中的物体仅在某个具体特征上匹配时,工作记忆内容是否能够影响视觉注意偏向。实验三A和实验三B创新性地研究了视觉工作记忆中的维度信息是否能够引导注意选择,首次提出基于工作记忆内容的视觉注意捕获也可以基于抽象的维度联系进行。

一、实验一A:基于客体表征的匹配

本实验采用Downing(2000)的双任务范式,目的是考察视觉工作记忆中的客体内容能否引导视觉注意自动选择视场中与之匹配的物体,因此,在这里记忆匹配项被定义为视场中与记忆项在颜色和形状都完全匹配的物体。为了避免策略性注意转移对实验结果的影响,实验中仅有50%的试验含有匹配项,并且匹配项呈现的空间位置永远与接下来呈现的探测目标的空间位置刚好相反,告知被试有意识地搜索或注意匹配项将会不利于完成注意探测任务,以此来消除被试主动注意匹配项的动机。如果工作记忆内容能自动引导视觉注意的话,那么有匹配项的试验的注意探测反应时将会显著慢于无匹配项的试验的反应时。

(一)方法

1.被试

11名浙江大学在校学生参加了本次实验,年龄在20～24岁之间,所有被试均报告视力或矫正视力正常,无色盲或色弱,右利手且以前没有参加过类似实验。

2. 仪器和材料

实验程序用 Presentation 软件(0.71 版)编制,实验由一台 Pentium IV 2.4 GHz 计算机控制,刺激呈现在 17 英寸彩色 CRT 显示器上,屏幕分辨率为 1024×768pixels,刷新率为 85 Hz。被试通过一个标准键盘对刺激做反应,被试眼睛距离屏幕中心约 57 cm。刺激物为彩色几何图形,其填充颜色可能是红、绿、黄、蓝或青,其形状可能为圆形(3°×3°视角)、三角形(2.6°×2.1°)、菱形(3°×3°)、五边形(2.7°×2.7°)或六边形(3°×2.5°)。因此,实验中所涉及的彩色图形共有 5×5=25 个。注视点为白色"＋",其大小为 0.2°×0.2°。用于探测区分任务的黑色小托架大小为 0.6°×0.6°,位于其底部或顶部的开口大小约为 0.5°。所有刺激均呈现在灰色背景上。

3. 实验设计与过程

实验采用 2(SOA:300 ms 或 2506 ms)×2(匹配项:有或无)的被试内设计。被试按空格键开始每一次试验。首先在屏幕中央呈现注视点 1000 ms,注视点消失后在屏幕中央呈现一个彩色图形(记忆项)100 ms 或 1000 ms,要求被试尽量记住该物体的颜色与形状,接着在屏幕中央呈现注视点,如果前面的记忆项呈现 100 ms,则此时的注视点即呈现 200 ms,否则此时注视点呈现时间为 1506 ms(即记忆项与接下来的闪现项之间的 SOA 为 300 ms 或 2506 ms),然后在屏幕中央注视点左右两侧同时各呈现一个彩色图形(闪现项)187 ms,每个物体的中心距离中央注视点 9°,在两个物体同时消失 40 ms 之后,在屏幕中央注视点左侧或右侧呈现小托架(注意探测项)100 ms,其中心距离中央注视点 9°(即呈现在之前闪现的左侧或右侧物体的中心位置上),要求被试在看到小托架出现时尽量准确快速地对其开口方向用右手做按键反应,开口向上按"↑"键,向下则按"↓"键。当小托架消失1500 ms 后在屏幕中央呈现一个彩色图形(记忆测试项),此时要求被试对其与记忆项是否相同用左手做变化检测(change detection)反应,两者在颜色与形状上完全相同则按"V"键,否则按"N"键。变化检测反应要求被试尽量反应正确,但对反应速度不做要求。记忆测试项直到被试做出按键反应后才会消失。

每次试验中两个闪现项在颜色与形状上都是完全不同的。在 50%的试验中两个闪现项均与记忆项在颜色与形状上完全不同(无匹配项),而在另外 50%试验中其中一个闪现项与记忆项在颜色与形状上完全相同(有匹配项),并且其呈现位置与接下来呈现的小托架位置是刚好相反的。比如说,如果匹配项呈现在注视点右侧,那么接下来的小托架肯定是呈现在注视点左侧(见图 2-1)。被试被告知有意识地在闪现项中搜索或注意匹配物体将会不利于完成探测区分任务。另外,整个实验中有 50%试验中记忆测试项与记忆项在颜色与形状上都是完全相同的,另外 50%试验中两者是不同的(包括仅颜色相同、仅形状相同、颜色与形状都不相同等三种情况),这样被试要正确完成变化检测任务就必须同时记住记忆项的颜色和形状。最后,记忆项与闪现项之间的两种 SOA 水平在整个实验中出现的次数相同,匹配项和小托架的呈现位置(注视点左侧或右侧)以及小托架的开口方向也在实验中做了平衡。

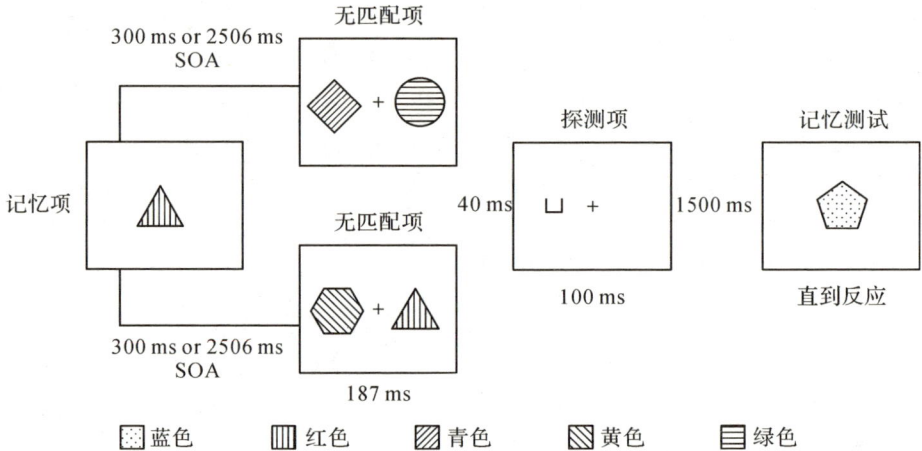

图 2-1 实验一 A 中的程序和刺激示例

每个被试接受 2×2 种处理水平的组合,每种实验处理包括 64 次试验,正式实验总共包含两个 blocks,每个 block 内含有 128 次试验。各种条件下的试验次序在 block 内做随机安排。每个被试在正式实验前先接受 16 次练习试验以熟悉任务要求,整个实验约需 35 分钟,其间被试可稍作休息。

(二)结果与分析

注意任务的平均错误率为 4.4%,记忆任务的平均错误率为 8.6%,各种处理条件下的错误率如表 2-1 所示。

1.注意探测反应时

对注意探测反应时的分析仅包括注意任务与记忆任务都正确反应的试验数据,有 12.1% 的错误反应试验数据因此被剔除。对反应时进行 2(SOA:300 ms 或 2506 ms)×2(匹配项:有或无)重复测量方差分析结果显示,匹配项的主效应显著,$F(1,10)=18.132, p=0.002, p_{rep}=0.979, \eta^2=0.645$[①];而 SOA 主效应以及两自

---

① η^2 指该主效应或交互效应的效果量(effect size),p_{rep} 指该效应能被重复的可能性(probability of replication),通常 p 值越小 p_{rep} 值就越大,其具体含义和计算方法详见 Killeen, P. R. (2005). An alternative to null-hypothesis significance tests. Psychological Science,16,345-353.

表 2-1　实验一 A 中各处理条件下注意任务与记忆任务错误率

SOA	注意任务错误率		记忆任务错误率	
	有匹配项	无匹配项	有匹配项	无匹配项
300 ms	0.047	0.054	0.082	0.122
2506 ms	0.048	0.027	0.064	0.074

变量之间的交互作用均没有达到统计显著性,$Fs < 1.904$,$ps > 0.198$,$p_{rep}s < 0.726$。当记忆项与闪现项之间的 SOA 为 300 ms 时,有匹配项存在的试验中的注意探测反应时($M = 564$ ms)显著慢于无匹配项存在的试验中的注意探测反应时($M = 547$ ms),$t(10) = 3.891$,$p = 0.003$,$p_{rep} = 0.974$;当记忆项与闪现项之间的 SOA 为 2506 ms 时,有匹配项存在的试验中的注意探测反应时($M = 553$ ms)也明显慢于无匹配项存在的试验中的注意探测反应时($M = 532$ ms),$t(10) = 3.958$,$p = 0.003$,$p_{rep} = 0.974$(见图 2-2)。上述结果表明,视觉注意会自动选择视场中与当前工作记忆内容匹配的物体,并且这种基于工作记忆内容的注意捕获不仅仅局限于早期视觉认知过程。

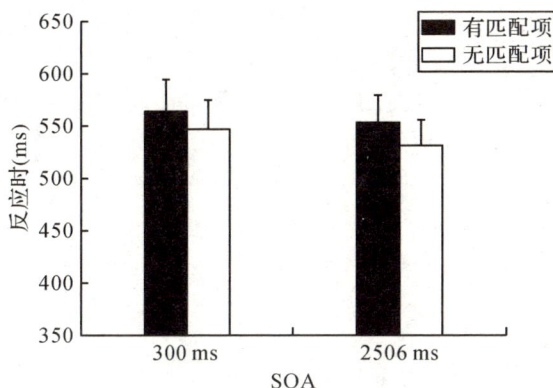

图 2-2　实验一 A 中各处理条件下注意探测反应时与标准误

2.注意任务错误率

对注意任务的错误率进行 2(SOA:300 ms 或 2506 ms)×2(匹项:有或无)重复测量方差分析没有发现任何统计显著性效应,$Fs < 3.318$,$ps > 0.1$,$p_{rep}s < 0.818$(见表 2-1)。

3.记忆任务错误率

对记忆任务的错误率进行 2(SOA:300 ms 或 2506 ms)×2(匹项:有或无)重复测量方差分析结果显示,SOA 的主效应显著,$F(1,10) = 12.695$,$p = 0.005$,$p_{rep} = 0.966$,$\eta^2 = 0.559$,记忆项与闪现项之间的 SOA 为 300 ms 的试验中的记忆

错误率($M=10.2\%$)显著高于 SOA 为 2506 ms 的试验中的记忆错误率($M=6.9\%$),这表明记忆项在短 SOA 水平下没有得到充分的编码与巩固;匹配项的主效应达到边缘显著,$F(1,10)=3.717$,$p=0.083$,$p_{rep}=0.836$,$\eta^2=0.271$,有匹配项存在时的记忆错误率($M=7.3\%$)低于无匹配项时的记忆错误率($M=9.8\%$),这说明基于工作记忆内容的视觉注意有利于巩固记忆表征提高记忆绩效;两个自变量之间的交互效应没有达到统计显著性,$F(1,10)=2.588$,$p=0.139$,$p_{rep}=0.778$,$\eta^2=0.206$。

(三)讨论

在 Downing(2000)的实验研究中,尽管闪现项被假设与注意任务无关,但由于每次试验中都有匹配项存在,被试可能会因为好奇匹配项在实验中的作用或为了巩固记忆表征而主动地将注意转移至匹配项,从而使得实验结果不能说明工作记忆内容自动引导视觉注意。本实验采用与 Downing(2000)相同的双任务范式,但在实验设计上做了重要改进以消除被试主动注意匹配项的动机,因为在本实验中匹配项仅存在于 50%试验中,并且匹配项的空间位置与小托架的空间位置永远都是完全相反的,被试主动注意匹配项将会不利于完成注意任务。然而,实验结果发现,有匹配项存在的试验的注意探测反应时要显著慢于无匹配项的试验的反应时,这表明即使被试知道小托架不会出现在匹配项的空间位置上,但其注意还是会被匹配项所自动捕获,从而强有力地证明了工作记忆内容能自动引导视觉注意。

Varakin(2006)利用 Downing(2000)的任务范式研究发现,基于工作记忆内容的视觉注意仅产生于视觉工作记忆的早期阶段(即记忆项与闪现项之间的 SOA 在 300 ms 以内),但当 SOA 为 2506 ms 时工作记忆内容就不再自动引导注意。这与本实验的结果是不同的,本实验结果显示基于工作记忆内容的视觉注意捕获不仅发生在工作记忆早期阶段,而且当 SOA 为 2506 ms 时工作记忆内容仍然能自动引导视觉注意。我认为,Varakin(2006)在长 SOA 条件下没有发现工作记忆内容对视觉注意的自动引导作用,主要是因为其实验缺乏效力和敏感性所致,具体表现在:(1)刺激物($11.7°\times8.7°$)和小托架($4.5°\times4.5°$)都比较大,但两个闪现项之间的中心距离却只有$12.4°$,这样在屏幕两侧之间进行的空间注意转移将只需很小的时间代价就可以完成;(2)刺激材料是复杂的黑白图形,被试可能没有充分编码并保存复杂图形,更为重要的是,由于图形都是没有彩色的,实际上只有形状信息在引导视觉注意。已有研究提示,工作记忆中的形状信息在引导注意的效率上要明显低于颜色(Soto, Heinke, Humphreys, & Blanco, 2005;Soto, Humphreys, & Heinke,2006a;Bichot,Rossi,& Desimone,2005)。与之相比,本实验的检验效力和敏感性明显提高,因为本实验所用的刺激材料为容易引导视觉注意的彩色图形,且刺激物最大视角仅为 $3°×3°$，小托架只有 $0.6°×0.6°$，两个闪现项之间的中心距离为 $18°$，从而有效地增加了空间注意转移的时间代价。实验三将进一步检验工作记忆中的颜色与形状信息在引导注意上的效率差异。

二、实验一 B：排除重复启动解释

实验一 A 的结果是否确实由于当前工作记忆中正在积极编码或保持的表征所引起的呢？也就是说，有必要进一步证明工作记忆内容是引导视觉注意选择的真正原因，而不是重复呈现相同的物体所导致的启动效应。因此，在本实验中，只要求被试注视物体，而不要求其记忆物体的颜色或形状。如果有匹配项存在的试验的注意探测反应时显著慢于无匹配项存在的试验的反应时的话，那么就说明，当以前呈现过的物体再次呈现在视场中时，它会自动捕获视觉注意，而不管该物体是否正保持在当前工作记忆中。

（一）方法

1. 被试

11 名浙江大学在校学生参加了本次实验，年龄在 19～24 岁之间，所有被试均报告视力或矫正视力正常，无色盲或色弱，右利手且以前没有参加过类似实验。

2. 仪器和材料

同实验一 A。

3. 实验设计与过程

实验采用 2（SOA：300 ms 或 2506 ms）×2（匹配项：有或无）的被试内设计。实验程序基本同实验一 A，不同之处在于：（1）当呈现彩色图形时只要求被试注视它，而不用记住它的颜色或形状；（2）小托架消失后呈现 3000 ms 的注视点，告诉被试如果三秒钟之内还没有对小托架的开口方向做按键反应的话，该注视点就会自动消失并进入下一个试验（需要按空格键开始每次试验）。也就是说，本实验中只涉及注意任务，并没有记忆测试，当被试对小托架开口方向做了按键反应后，单次试验也就结束了。

告知被试只有 50% 试验中其中一个闪现项为匹配项，并且其呈现位置与接下来呈现的小托架位置是刚好相反的，有意识地在闪现项中搜索或注意匹配物体将会不利于完成注意探测任务。每个被试接受 2×2 种处理水平的组合，每种实验处理包括 64 次试验。正式实验总共包含两个 blocks，每个 block 内含有 128 次试验。

各种条件下的试验次序在 block 内做随机安排。每个被试在正式实验前先接受 16 次练习试验以熟悉任务要求。整个实验约需 30 分钟,其间被试可稍作休息。

(二)结果与分析

注意任务的平均错误率为 2.1%,各处理条件下的注意探测错误率如表 2-2 所示。

表 2-2 实验一 B 中各处理条件下注意任务错误率

SOA	有匹配项	无匹配项
300 ms	0.020	0.021
2506 ms	0.023	0.021

1. 注意探测反应时

对注意探测反应时的分析仅包括注意任务正确反应的试验数据,有 2.1% 的错误反应试验数据因此被剔除。对反应时进行 2(SOA:300 ms 或 2506 ms)×2(匹配项:有或无)重复测量方差分析结果显示,SOA 主效应显著,$F(1,10)=6.810$,$p=0.026$,$p_{rep}=0.915$,$\eta^2=0.405$,SOA 为 300 ms 的试验的注意探测反应时($M=489$ ms)显著快于 SOA 为 2506 ms 的试验中的反应时($M=512$ ms);匹配项主效应以及两个自变量之间的交互作用均不显著,$Fs<1.428$,$ps>0.260$,$p_{rep}s<0.675$(见图 2-3)。

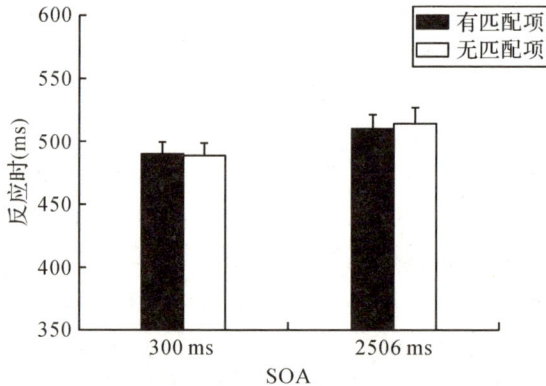

图 2-3 实验一 B 中各处理条件下注意探测反应时与标准误

为了检验工作记忆是否是引导视觉注意的原因,对注意探测反应时进行 2(实验:实验一 A 或实验一 B)×2(SOA:300 ms 或 2506 ms)×2(匹配项:有或无)混合方差分析结果显示,匹配项的主效应显著,$F(1,20)=10.750$,$p=0.004$,$p_{rep}=0.97$,$\eta^2=0.35$,实验与匹配项交互作用显著,$F(1,20)=14.302$,$p=0.001$,$p_{rep}=$

$0.986, \eta^2 = 0.417$，实验与 SOA 交互作用显著，$F(1, 20) = 7.836, p = 0.011, p_{rep} = 0.947, \eta^2 = 0.281$，其他效应均没有达到统计显著性，$ps > 0.105, p_{rep}s < 0.812$。因为实验与匹配项的交互作用是我所感兴趣的地方，为此对之进行进一步的简单效应分析，结果显示，实验一 A 中有匹配项存在的试验的反应时（$M = 558$ ms）要显著慢于无匹配项存在的试验的反应时（$M = 539$ ms），$F(1, 10) = 18.132, p = 0.002, p_{rep} = 0.979, \eta^2 = 0.645$；而实验一 B 中有匹配项存在的试验的反应时（$M = 500$ ms）与无匹配项存在的试验的反应时（$M = 501$ ms）没有显著差异，$F(1, 10) = 0.202, p = 0.662, p_{rep} = 0.384, \eta^2 = 0.02$。这表明只有当物体被保存在当前工作记忆中时，匹配项才能自动捕获视觉注意，而仅仅对物体进行知觉水平的加工并不足以引导视觉注意。

2. 注意任务错误率

对注意任务的错误率进行 2（SOAs：300 ms 或 2506 ms）×2（匹配项：有或无）重复测量方差分析没有发现任何效应具有统计显著性，$Fs < 0.108, ps > 0.749, p_{rep}s < 0.317$（见表 2-2）。

对注意任务错误率进行 2（实验：实验一 A 或实验一 B）×2（SOA：300 ms 或 2506 ms）×2（匹配项：有或无）混合方差分析结果显示，实验的主效应达到边缘显著，$F(1, 20) = 3.966, p = 0.060, p_{rep} = 0.864, \eta^2 = 0.165$，实验一 A 的注意任务错误率（$M = 4.4\%$）略高于实验一 B 的注意任务错误率（$M = 2.1\%$），这说明双任务的难度大于单任务；其他效应均没有达到统计显著性，$Fs < 3.071, ps > 0.095, p_{rep}s < 0.823$。

（三）讨论

本实验结果提示，当只要求被试注视物体而不用记忆时，匹配项不再优先捕获视觉注意，这表明实验一 A 的结果并非由于重复启动所致，而是反映了当前工作记忆中正在编码或保持的物体表征对视觉注意的自动引导作用。事实上，重复启动与基于工作记忆内容的视觉注意具有不同的生理机制，Soto, Humphreys, & Rotshtein（2007）利用 fMRI 技术研究表明，当工作记忆中保持的物体出现在视场中时上前脑回、中颞叶和枕叶等脑区激活程度会增加，而仅仅重复呈现物体但没有记忆要求时，会在上述脑区产生抑制反应，即重复抑制（repetition suppression；Desimone, 1996；Chelazzi, Miller, Duncan, & Desimone, 1993）。这些神经生理学研究表明，基于工作记忆内容的视觉注意反映了工作记忆对视觉选择的自上而下的调节作用，而重复抑制是一种自下而上的过程。综合上述两个实验结果，我们现在可以确信存在基于工作记忆内容的视觉注意捕获机制。

三、实验二：基于特征值的匹配

每一个物体都具有特定的颜色和形状，当视场中的物体只在颜色或形状特征上与工作记忆内容匹配时，而并非在颜色与形状上都与工作记忆内容匹配时，是否会产生基于具体颜色或形状特征的视觉注意捕获？已有研究提示，物体的颜色与形状特征在引导视觉注意的效率上是不同的，相对于形状特征来说，物体的颜色特征将会更有利于引导视觉注意（Soto, Heinke, Humphreys, & Blanco, 2005; Soto, Humphreys, & Heinke, 2006a）。本研究采用实验一 A 的任务范式，目的在于考察当视场中的物体与工作记忆内容仅在颜色或形状上匹配时，工作记忆内容是否会自动引导视觉注意选择与之仅部分匹配的物体。

（一）方法

1.被试

11 名浙江大学在校学生参加了本次实验，年龄在 19～21 岁之间，所有被试均报告视力或矫正视力正常，无色盲或色弱，右利手且以前没有参加过类似实验。

2.仪器和材料

同实验一 A。

3.实验设计与过程

实验采用 2（SOA：300 ms 或 2506 ms）×3（匹配项：颜色匹配、形状匹配或无匹配项）的被试内设计。实验程序基本同实验一 A，不同之处在于，当试验中存在匹配项时，该匹配项与记忆项要么仅在颜色上相同（颜色匹配），要么仅在形状上相同（形状匹配），但匹配项与记忆项永远不会完全相同（见图 2-4）。存在颜色匹配与形状匹配的试验各占 30%，剩余的 40% 试验中无匹配项存在。被试被告知当试验中存在匹配项时，接下来的小托架呈现的位置肯定与匹配项所在空间位置刚好相反。因此，有意识地注意匹配项将不利于探测区分任务的完成。

每个被试接受 2×3 种处理水平的组合，每种实验处理包括 40 次试验。正式实验总共包含两个 blocks，每个 block 内含有 120 次试验。各种条件下的试验次序在 block 内做随机安排。每个被试在正式实验前先接受 20 次练习试验以熟悉任务要求。整个实验约需 30 分钟，其间被试可稍作休息。

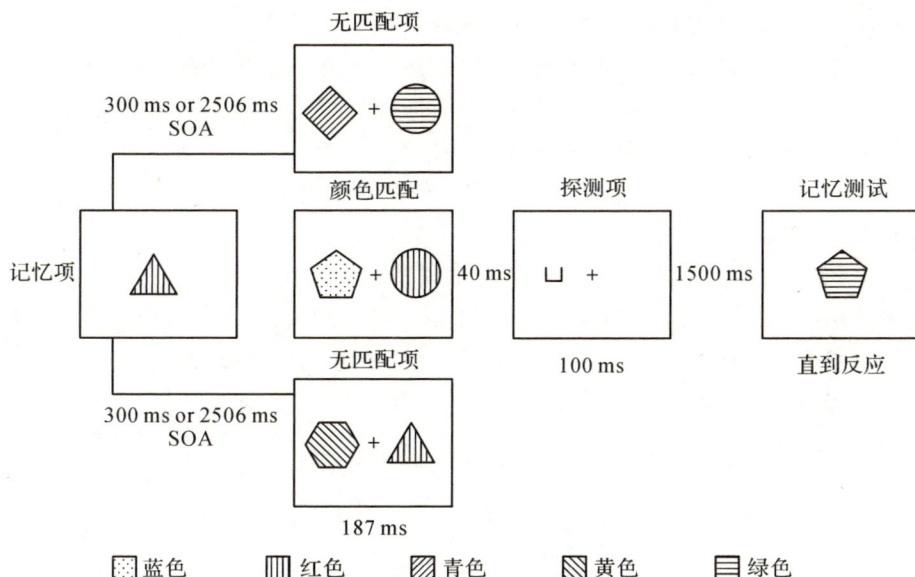

无匹配项

300 ms or 2506 ms
SOA

颜色匹配　　探测项　　记忆测试

记忆项　　40 ms　　1500 ms

无匹配项

300 ms or 2506 ms
SOA

100 ms　　直到反应

187 ms

蓝色　　红色　　青色　　黄色　　绿色

图 2-4　实验二中的程序和刺激示例

(二)结果与分析

注意任务的平均错误率为 2.2%,记忆任务的平均错误率为 6.2%,各种处理条件下的注意任务错误率和记忆任务错误率分别如表 2-3、表 2-4 所示。

1.注意探测反应时

对注意探测反应时的分析仅包括注意任务与记忆任务都正确反应的试验数据,有 8.1% 的错误反应试验数据因此被剔除。各种条件下的平均正确反应时如图 2-5 所示。首先,分析有记忆匹配项存在的试验的反应时是否慢于无匹配项存在的试验的反应时,以便从总体上考察工作记忆内容对视觉注意的引导作用。为此,将每个被试在颜色匹配与形状匹配两种条件下的反应时合并求出平均值作为有匹配项存在的试验的平均反应时,并将之与无匹配项存在的试验的反应时进行比较。2(SOA:300 ms 或 2506 ms)×2(匹配项:有或无)重复测量方差分析结果显示,当记忆项与闪现项之间的 SOA 为 300 ms 时被试对注意探测项的反应时显著慢于 SOA 为 2506 ms 时的反应时,$F(1,10)=5.435,p=0.042,p_{rep}=0.889,\eta^2=0.352$;有匹配项存在的试验的反应时显著慢于无匹配项存在的试验的反应时,$F(1,10)=14.474,p=0.003,p_{rep}=0.974,\eta^2=0.591$;SOA 与匹配项之间的交互作用没有达到统计显著性,$F(1,10)=0.027,p=0.873,p_{rep}=0.21,\eta^2=0.003$。

然后,分别在颜色匹配与形状匹配条件下进行 2(SOA:300 ms 或 2506 ms)×

2(匹配项:有或无)重复测量方差分析。在颜色匹配条件下进行的方差分析结果显示,SOA 为 300 ms 时的反应时显著慢于 SOA 为 2506 ms 时的反应时,$F(1,10) = 4.902, p = 0.051, p_{rep} = 0.876, \eta^2 = 0.329$;有匹配项(颜色匹配)存在的试验的反应时显著慢于无匹配项存在的试验的反应时,$F(1,10) = 32.97, p < 0.001, p_{rep} > 0.99, \eta^2 = 0.767$;SOA 与匹配项之间的交互作用没有达到统计显著性,$F(1,10) = 0.004, p = 0.953, p_{rep} = 0.118$。

在形状匹配条件下进行的方差分析结果显示,SOA 为 300 ms 时的反应时显著慢于 SOA 为 2506 ms 时的反应时,$F(1,10) = 5.898, p = 0.036, p_{rep} = 0.898, \eta^2 = 0.371$;然而,匹配项主效应以及两自变量之间的交互效应均没有达到统计显著性,$Fs < 2.723, ps > 0.13, p_{rep}s < 0.787$。

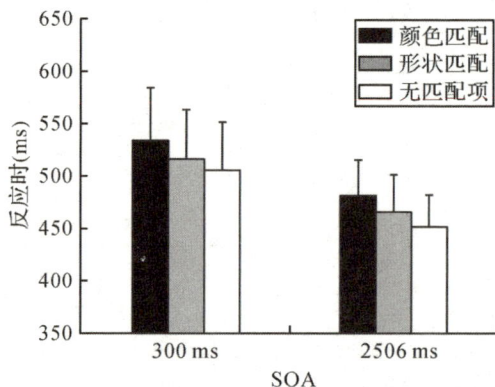

图 2-5　实验二中各处理条件下注意探测反应时与标准误

2.注意任务错误率

对注意任务的错误率进行 2(SOA:300 ms 或 2506 ms)×3(匹配项:颜色匹配、形状匹配或无匹配项)重复测量方差分析没有发现任何效应达到统计显著性,$Fs < 1.085, ps > 0.322, p_{rep}s < 0.628$(见表 2-3)。

表 2-3　实验二中各处理条件下注意任务错误率

SOA	颜色匹配	形状匹配	无匹配项
300 ms	0.033	0.025	0.025
2506 ms	0.013	0.018	0.019

3.记忆任务错误率

对记忆任务的错误率进行 2(SOA:300 ms 或 2506 ms)×3(匹配项:颜色匹配、形状匹配或无匹配项)重复测量方差分析结果显示,SOA 的主效应显著,$F(1, 10) = 28.733, p < 0.001, p_{rep} > 0.99, \eta^2 = 0.742$,记忆项与闪现项之间的 SOA 为

300 ms 的试验中的记忆错误率($M=8.2\%$)显著高于 SOA 为 2506 ms 的试验中的记忆错误率($M=4.2\%$),这表明物体在短 SOA 水平下没有得到充分的编码与巩固;匹配项主效应以及两自变量之间的交互效应均没有达到统计显著性,$Fs<0.123,ps>0.885,p_{rep}s<0.198$(见表 2-4)。

表 2-4　实验二中各处理条件下记忆任务错误率

SOA	颜色匹配	形状匹配	无匹配项
300 ms	0.083	0.078	0.085
2506 ms	0.038	0.045	0.044

(三)讨论

本实验结果表明,当物体的颜色和形状同时需要保持在工作记忆当中时,工作记忆内容对视觉注意的自动引导只能基于颜色而不能基于形状进行,这与以往的研究结果是一致的(Soto, Heinke, & Humphreys, 2005; Soto, Humphreys, & Heinke, 2006a),这表明工作记忆中的颜色和形状特征在引导视觉注意上的效率是不同的。然而,在这些研究中之所以没有观察到基于工作记忆中形状特征的视觉注意,可能是由于被试的工作记忆负载相对较高所致,因为被试需要同时记住物体的颜色和形状两个特征。Olivers, Meijer, & Theeuwes(2006)研究发现,当只要求被试保持物体的形状特征于工作记忆中时,工作记忆内容对视觉注意的自动引导作用也可以基于形状特征进行。

本研究结果提示,当视场中的物体与当前工作记忆内容仅仅在某一个具体特征值上匹配时,工作记忆仍然可以基于该具体特征值来自动引导视觉注意。因此,基于工作记忆内容的视觉注意捕获并不需要完全匹配的物体,从而使得这种视觉注意机制能适合更广泛的条件。例如,尽管视场中的某一物体与当前工作记忆内容仅在意义上存在联系而在物理特征上并不匹配,在某种程度上该物体仍然能自动捕获视觉注意(Moores, Laiti, & Chelazzi, 2003)。在下面的实验中我将进一步证明,工作记忆中较为抽象的维度信息也能够自动引导视觉注意。

四、实验三 A: 基于特征维度的匹配

以往研究基本上是探讨工作记忆中客体的具体特征对视觉注意的自动引导作用,而对工作记忆中客体的维度信息是否也会自动引导视觉注意这个问题尚

未见有研究。相对具体的特征值来说,特征维度是比较抽象的。Moores,Laiti, & Chelazzi(2003)研究提示工作记忆内容自动捕获视觉注意可以基于比较抽象的语义联系进行,如果工作记忆中的维度信息也能自动捕获视觉注意的话,那么基于工作记忆内容的视觉注意捕获所适用的范围将会得到进一步扩展,说明工作记忆所引导的视觉注意可以基于更为抽象的、概念性的联系来进行。为此,本研究拟采用双任务范式,要求被试在选择性工作记忆保持阶段判断两个同时呈现的物体的颜色或形状是否相同,并且同时呈现的两个物体的颜色和形状所引起的反应永远都是不一致的(如两个物体的颜色相同但形状却不同)。由于同时呈现的两个物体的两个维度所引起的反应是不一致的,被试需要有选择地注意任务相关维度而尽量忽视无关维度。若工作记忆中的维度信息也能自动捕获视觉注意选择视场中与之匹配的特征维度的话,那么当工作记忆任务的相关维度与注意任务的无关维度相同时,被试将会很难忽视注意任务的无关维度而导致绩效下降。

(一)方法

1.被试

11 名浙江大学在校学生参加了本次实验,年龄在 18—22 岁之间,所有被试均报告视力或矫正视力正常,无色盲或色弱,右利手且以前没有参加过类似实验。有一名被试因为没有正确按照指导语来完成任务导致记忆错误率高达 75%,其数据被视为无效而剔除,因此,最终被试人数为 10 名。

2.仪器和材料

同实验一 A,但是在本实验中没有用到小托架。另外,本实验中采用鼠标作为接收被试反应的主要设备。

3.实验设计与过程

实验采用 2(记忆任务相关维度:颜色或形状)×2(注意任务相关维度:颜色或形状)被试内设计。实验分为四部分,每部分开始前在屏幕上呈现指导语,以告知被试在接下来的试验中要求其完成的记忆任务与注意任务的相关维度。被试按空格键开始每一次试验,单次试验流程如图 2-6 所示。首先在屏幕中央呈现注视点500 ms,注视点消失后在屏幕中央呈现一个彩色图形(记忆项)1000 ms,要求被试记住该物体的颜色(或形状),而忽视其形状(或颜色),延迟 4000 ms 后在屏幕中心左右两侧同时呈现两个彩色图形,两物体之间的中心距离约为 6°,此时要求被试在保证正确的前提下尽快判断两个物体的颜色(或形状)是否相同,如果相同则用右手按鼠标左键,否则按鼠标右键,两个物体直到被试做出按键反应后才会消失。接着经过 500 ms 的延迟之后在屏幕中央呈现一个物体(记忆测试项),并且在其正上方同时呈现两个黑色问号"??",以提示被试判断该物体的颜色(或形状)是否与记忆项的颜色(或形状)相同,如果相同则按鼠标左键,否则按鼠标右键,并且告诉被试要求尽量判断正确,但对反应速度没有要求,该物体也是直到被试做出按键反应后才会消失。

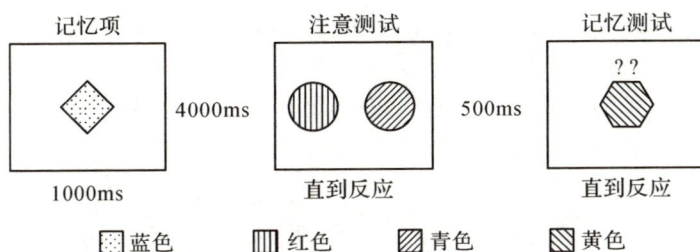

图 2-6 实验三 A 中的程序和刺激示例

每次试验中注意任务所涉及的两个物体的颜色和形状所引发的反应都是不一致的(在一半试验中两个物体的颜色相同但形状不同,在另一半试验中两者颜色不同但形状相同),并且每次试验中这两个物体在颜色与形状上都与记忆项不同,以避免产生基于工作记忆中具体特征值的视觉注意捕获。另外,鼓励被试在记忆项与注意测试之间的时间间隔内积极准备注意任务的相关维度,以尽量降低来自无关维度的干扰作用。在 50% 的试验中记忆任务的相关维度与注意任务的相关维度是相同的(记忆颜色—注意颜色、记忆形状—注意形状各占一半),而在另外 50% 试验中记忆任务的相关维度与注意任务的相关维度是不相同的(记忆颜色—注意形状、记忆形状—注意颜色各占一半)。另外,整个实验中有 50% 试验中记忆测试项与记忆项在记忆任务相关维度上具有相同的特征值,而在另外 50% 试验中两者在记忆任务相关维度上的特征值是不同的。

根据记忆任务的相关维度(颜色或形状)与注意任务的相关维度(颜色或形状)将正式实验分为以下 4 个 blocks:(1)颜色—颜色,(2)颜色—形状,(3)形状—颜色,(4)形状—形状。每个 block 包含 30 次试验。每个 block 开始之前都会在屏幕上呈现指导语以告知被试在这个 block 内记忆任务与注意任务的相关维度是什么。各 block 之间的顺序在被试间做了平衡。每个被试在正式实验前先接受 20 次练习试验以熟悉任务要求,整个实验约需 25 分钟,其间被试可稍作休息。

(二)结果与分析

注意任务的平均错误率为 2.8%,记忆任务的平均错误率为 4.9%,各种处理条件下的注意任务错误率和记忆任务错误率如表 2-5 所示。

1. 注意任务反应时

对注意任务反应时的分析仅包括注意任务与记忆任务都正确反应的试验数据,有 7.2% 的错误反应试验数据因此被剔除。各种条件下的平均正确反应时如图 2-7 所示。对反应时进行 2(记忆任务相关维度:颜色或形状)×2(注意任务相关维度:颜色或形状)重复测量方差分析结果显示,记忆任务相关维度与注意任务相关维度的交互作用达到统计显著性,$F(1,9)=14.86$,$p=0.004$,$p_{rep}=0.97$,$\eta^2=0.623$;而两自变量的主效应均没有达到统计显著性,$Fs<1.496$,$ps>0.252$,$p_{rep}s<0.682$。当注意任务的无关维度为颜色(即注意形状)时,记忆任务的相关维度为颜色的试验中的探测反应时($M=934$ ms)要显著慢于记忆任务相关维度为形状的试验中的探测反应时($M=804$ ms),$t(9)=2.139$,$p=0.061$,$p_{rep}=0.863$;类似地,当注意任务的无关维度为形状(即注意颜色)时,记忆任务的相关维度为形状的试验中的探测反应时($M=979$ ms)要显著慢于记忆任务相关维度为颜色的试验中的探测反应时($M=747$ ms),$t(9)=3.603$,$p=0.006$,$p_{rep}=0.962$;为了更直接地测量基于工作记忆中维度信息的注意引导效应,我比较了工作记忆任务和注意任务的相关维度相同的试验(即一致性试验,congruent trials)的反应时与工作记忆任务和注意任务的相关维度不同的试验(即不一致试验,incongruent trials)的反应时,结果发现不一致试验中的反应时($M=957$ ms)要显著慢于一致性试验中的反应时($M=776$ ms),$t(9)=3.855$,$p=0.004$,$p_{rep}=0.97$。

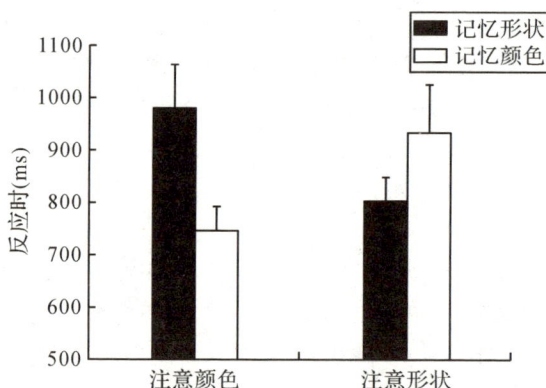

图 2-7　实验三 A 中各处理条件下注意任务的平均反应时与标准误

2. 注意任务错误率

与反应时的结果基本一致,对注意任务错误率进行 2(记忆任务相关维度:颜色或形状)×2(注意任务相关维度:颜色或形状)重复测量方差分析结果显示,注意任务相关维度的主效应达到统计显著性,$F(1,9)=8.191$,$p=0.019$,$p_{rep}=0.929$,$\eta^2=0.476$;而记忆任务相关维度以及两自变量之间的交互作用均没有达到统计显著性，$Fs < 3.488$，$ps > 0.095$，$p_{rep}s < 0.823$。当注意任务的无关维度为颜色（即注意形状）时，记忆任务的相关维度为颜色的试验中的注意任务错误率（$M = 3.7\%$）明显高于记忆任务相关维度为形状的试验中的注意任务错误率（$M = 0.3\%$），$t(9) = 2.121$，$p = 0.063$，$p_{rep} = 0.860$；类似地，当注意任务的无关维度为形状（即注意颜色）时，记忆任务的相关维度为形状的试验中的注意任务错误率（$M = 3.7\%$）也略高于记忆任务相关维度为颜色的试验中的注意任务错误率（$M = 3.3\%$），$t(9) = 0.19$，$p = 0.853$，$p_{rep} = 0.229$（见表 2-5）。

3. 记忆任务错误率

对记忆任务错误率进行 2（记忆任务相关维度：颜色或形状）×2（注意任务相关维度：颜色或形状）重复测量方差分析没有发现任何效应达到统计显著性，$Fs < 2.851$，$ps > 0.126$，$p_{rep}s < 0.791$。

表 2-5　实验三 A 中各处理条件下注意任务与记忆任务错误率

	注意任务错误率		记忆任务错误率	
	注意颜色	注意形状	注意颜色	注意形状
记忆颜色	0.033	0.037	0.047	0.097
记忆形状	0.037	0.003	0.040	0.013

（三）讨论

本研究采用要求被试在选择性工作记忆（selective working memory）保持阶段完成一个反应竞争任务（response competition task），而且该注意任务中所涉及的同时呈现的两个物体的颜色与形状维度所引发的反应永远都是不一致的，被试要正确完成注意判断任务就需要注意选择任务相关维度而尽量忽视注意任务无关维度。实验结果显示，当工作记忆中所保持的维度与注意任务无关维度相同时，注意任务反应时明显慢于工作记忆中所保持的维度与注意任务相关维度相同时的反应时。由于每次试验中注意任务所涉及的两个物体在具体颜色与形状上都与记忆项是不同的，视觉注意不可能基于工作记忆中的具体特征值进行。因此，上述结果表明工作记忆中的维度信息能自动引导视觉注意选择视场中与之匹配的视觉维度，被试很难忽视当前工作记忆中正在保持的维度信息。

本研究结果与 Lucas & Lauwereyns(2007)的研究结果是一致的，他们采用与本研究类似的实验范式结果发现，一致性效应（congruency effect）的大小受工作记忆中的维度信息调节，当工作记忆中保持的维度与注意任务无关维度相同时一致性效应显著增加。然而，在 Lucas & Lauwereyns(2007)的实验中记忆项与注意任务之间的刺激间隔（inter-stimulus interval，ISI）仅为 800 ms，被试在此时间间隔内很难及时完成由记忆任务相关维度到注意任务相关维度的转换，因此，不同工作记忆任务相关维度条件下的一致性效应之间的差异至少部分反映的是任务相关维度的转换代价（switching cost），而并非完全是由于基于工作记忆中维度信息的视觉注意所致。而在本实验中由于记忆项与注意任务之间的刺激间隔长达 4000 ms，被试有充足的时间来完成任务相关维度之间的转换，因此不一致试验与一致性试验之间的注意任务绩效差异似乎不可能是由于任务相关维度的转换所导致的，因为被试在执行注意任务之前就已经完成了由记忆任务相关维度转换至注意任务相关维度的工作了。

五、实验三 B：排除转换代价解释

在实验三 A 中，尽管我假设被试应该能在 4000 ms 的刺激间隔内完成任务相关维度之间的转换，然而，可能由于某些原因，如被试在注意物体出现之前没有按指导语积极转换任务相关维度，或者即使被试主观上认为已经完成任务相关维度转换，但实际上仍然没有彻底转换，从而导致实验结果仍然会有可能受到任务相关维度转换的影响，即不一致试验与一致性试验之间的注意任务绩效差异可能反映了工作记忆内容与任务相关维度转换的共同作用。为了分离任务转换代价与基于工作记忆中维度信息的视觉注意，并且进一步考察不同的刺激间隔对任务相关维度转换的影响，本实验采用类似实验三 A 的双任务范式，然而，在本实验中记忆测试是在注意任务之前完成的，当记忆测试结束后经过 800 ms 或 4000 ms 间隔才会出现注意刺激。我假设，由于记忆测试在注意测试之前，当被试完成记忆测试后记忆项就不需要保持在工作记忆当中了，也就是说，在本实验中被试在执行注意任务时不需要同时保持记忆项在工作记忆当中，从而排除工作记忆内容对视觉注意的影响以获得纯粹的任务相关维度转换代价。如果实验三 A 中不同条件下的注意任务反应时差异反映了工作记忆内容与转换代价的共同作用，那么本实验中不一致试验和一致性试验条件下的注意任务反应时差异量将显著小于实验三 A 中不一致试验和一致性试验条件下的注意任务反应时差异量，因为本实验中不一致试验和一致性试验条件下的注意任务反应时差异仅仅反映了转换代价。

(一)方法

1. 被试

10 名浙江大学在校学生参加了本次实验,年龄在 18～21 岁之间,所有被试均报告视力或矫正视力正常,无色盲或色弱。

2. 仪器和材料

同实验三 A。

3. 实验设计与过程

实验采用 2(记忆—注意任务相关维度:相同或不同)×2(ISI:800 ms 或4000 ms)被试内设计。实验分为四部分,每部分开始前在屏幕上呈现指导语,以告知被试在接下来的试验中要求其完成的记忆任务与注意任务的相关维度。被试按空格键开始每一次试验,试验流程如图 2-8 所示。首先在屏幕中央呈现注视点 500 ms,注视点消失后在屏幕中央呈现一个彩色图形(记忆项)1000 ms,要求被试记住该物体的颜色(或形状),而忽视其形状(或颜色),延迟 2000 ms 之后在屏幕中央呈现一个物体(记忆测试项),并且在其正上方同时呈现两个黑色问号"??",以提示被试判断该物体的颜色(或形状)是否与记忆项的颜色(或形状)相同,如果相同则按鼠标左键,否则按鼠标右键,并且告诉被试要求尽量判断正确,但对反应速度没有要求,记忆测试项直到被试做出按键反应后才会消失。然后经过 800 ms 或4000 ms 的延迟,即记忆测试项与注意测试项之间的刺激间隔(ISI)为 800 ms 或4000 ms,在屏幕中心左右两侧同时呈现两个彩色图形,两物体之间的中心距离约为 6°,此时要求被试在保证正确的前提下尽快判断两个物体的颜色(或形状)是否相同,如果相同则按鼠标左键,否则按鼠标右键,两个物体直到被试做出按键反应后才会消失。

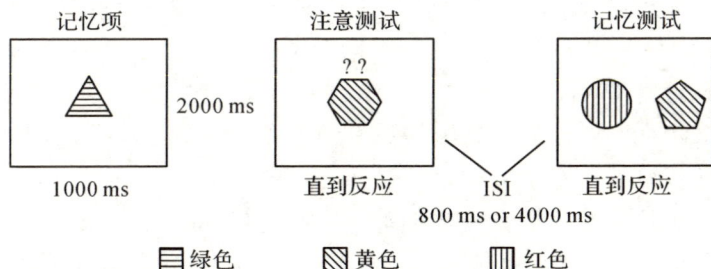

图 2-8　实验三 B 中的程序和刺激示例

每次试验中注意任务所涉及的两个物体在颜色与形状上都与记忆项是不同的,以排除工作记忆中具体特征值对注意的引导作用。另外,鼓励被试在完成记忆测试之后的刺激间隔内忘记记忆项并积极准备接下来的注意任务相关维度,以尽量降低来自无关维度的干扰。在 50% 的试验中记忆任务的相关维度与注意任务的相关维度是相同的(即一致性试验,其中记忆颜色—注意颜色、记忆形状—注意形状各占一半),而在另外 50% 试验中记忆任务的相关维度与注意任务的相关维度是不相同的(即不一致试验,记忆颜色—注意形状、记忆形状—注意颜色各占一半)。另外,整个实验中有 50% 试验中记忆测试项与记忆项在记忆任务相关维度上具有相同的特征值,而在另外 50% 试验中两者在记忆任务相关维度上的特征值是不同的。以上各种条件下的试验分别在两种 ISI 水平下出现的次数是相同的。根据记忆任务的相关维度(颜色或形状)与注意任务的相关维度(颜色或形状)将正式实验分为 4 个 blocks:(1)颜色—颜色;(2)颜色—形状;(3)形状—颜色;(4)形状—形状。每个 block 包含 30 次试验,两种 ISI 水平各占一半并且在 block 内随机混合呈现。每个 block 开始之前都会在屏幕上呈现指导语以告知被试在这个 block 内记忆任务与注意任务的相关维度。各 block 之间的顺序在被试间做了平衡。每个被试在正式实验前先接受 20 次练习试验以熟悉任务要求,整个实验约需 25 分钟,其间被试可稍作休息。

(二)结果与分析

注意任务的平均错误率为 2.8%,记忆任务的平均错误率为 4.3%,各种处理条件下的注意任务错误率和记忆任务错误率如表 2-6 所示。

1.注意任务反应时

对注意任务反应时的分析仅包括注意任务与记忆任务都正确反应的试验数据,有 6.8% 的错误反应试验数据因此被剔除。对反应时进行 2(记忆—注意任务相关维度:相同或不同)×2(ISI:800 ms 或 4000 ms)重复测量方差分析结果显示,记忆—注意任务相关维度的主效应达到统计显著性,$F(1,9)=21.544$,$p=0.001$,$p_{rep}=0.986$,$\eta^2=0.705$;ISI 的主效应达到边缘显著,$F(1,9)=3.806$,$p=0.083$,$p_{rep}=0.836$,$\eta^2=0.297$,ISI 为 4000 ms 条件下的反应时快于 ISI 为 800 ms 的反应时;然而两自变量之间的交互效应均没有达到统计显著性,$F(1,9)=1.67$,$p=0.228$,$p_{rep}=0.701$,$\eta^2=0.157$。

当记忆测试项与注意测试项之间的 ISI 为 4000 ms 时,记忆任务相关维度和注意任务相关维度不同条件下的反应时($M=826$ ms)慢于两者相同条件下的反应时($M=772$ ms),$t(9)=2.302$,$p=0.047$,$p_{rep}=0.882$;而当 ISI 为 800 ms 时这种差异更为显著,记忆任务相关维度和注意任务相关维度不同条件下的反应时($M=873$ ms)慢于两者相同条件下的反应时($M=786$ ms),$t(9)=5.655$,$p<0.0001$,

$p_{rep} > 0.99$（见图 2-9）；在 ISI 为 800 ms 时的转换代价（$M = 87$ ms）略高于 ISI 为 4000 ms 时的转换代价（$M = 54$ ms），但这种差异没有达到统计显著性，$t(9) = 1.292$，$p = 0.228$，说明转换代价并没有随着 ISI 的变化而显著改变。

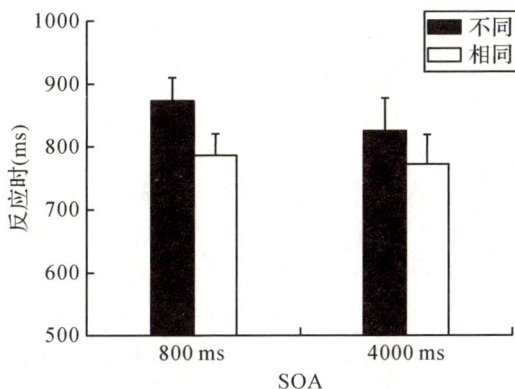

图 2-9　实验三 B 中各处理条件下注意任务的平均反应时与标准误

为了考察实验三 B 中 ISI 为 4000 ms 条件下的转换代价与实验三 A 中工作记忆效应之间是否有显著差异，对反应时进行 2（记忆—注意任务相关维度：相同或不同）×2（实验：实验三 A 或实验三 B）方差分析结果显示，作为被试间变量的实验主效应没有达到统计显著性，$F(1,18) = 0.754$，$p = 0.397$，$p_{rep} = 0.573$，$\eta^2 = 0.04$，说明两实验的任务难度相当；记忆—注意任务相关维度的主效应达到统计显著性，$F(1,18) = 20.04$，$p < 0.0001$，$p_{rep} > 0.99$，$\eta^2 = 0.527$，两自变量之间的交互效应也达到了统计显著性，$F(1,18) = 5.899$，$p = 0.026$，$p_{rep} = 0.915$，$\eta^2 = 0.247$，说明记忆—注意任务相关维度效应的大小在两个实验间是有显著差异的。为了进一步考察这种交互效应的本质，将实验三 A 中每个被试在记忆任务和注意任务相关维度不同条件下（不一致试验）的平均反应时减去其在记忆任务和注意任务相关维度相同条件下（一致试验）的平均反应时，所得的差值作为工作记忆内容和转换代价的共同效应；再将实验三 B 中每个被试在记忆任务和注意任务相关维度不同条件下（不一致试验）的平均反应时减去其在记忆任务和注意任务相关维度相同条件下（一致性试验）的平均反应时，所得的差值作为纯粹的转换代价，然后比较这两种效应的差异，结果发现工作记忆内容和转换代价的共同效应（$M = 181$ ms）显著大于纯粹的转换代价（$M = 54$ ms），$t(18) = 2.429$，$p = 0.026$，$p_{rep} = 0.915$，从而说明基于工作记忆中维度信息的视觉注意是存在的，实验三 A 的结果确实不能单纯地由任务相关维度转换代价来解释。

2. 注意任务错误率

对注意任务错误率进行 2(记忆—注意任务相关维度:相同或不同)×2(ISI:800 ms 或 4000 ms)重复测量方差分析结果发现,ISI 的主效应边缘显著,ISI 为 800 ms 时的注意任务错误率($M=3.7\%$)高于 ISI 为 4000 ms 时的错误率($M=2\%$),$F(1,9)=4.091$,$p=0.074$,$p_{rep}=0.847$,$\eta^2=0.312$;记忆—注意任务相关维度的主效应以及两自变量之间的交互效应均没有达到统计显著性,$Fs<2.667$,$ps>0.137$,$p_{rep}s<0.78$。

与反应时分析方法类似,为了考察 ISI 为 4000 ms 条件下的注意任务错误率与实验三 A 注意任务错误率之间是否有显著差异,我们首先将实验三 A 中每个被试在记忆颜色—注意颜色、记忆形状—注意形状条件下的注意任务错误率合并求出平均值以作为记忆任务和注意任务相关维度相同条件下的注意任务错误率,将每个被试在记忆颜色—注意形状、记忆形状—注意颜色条件下的注意任务错误率合并求出平均值以作为记忆任务和注意任务相关维度不同条件下的注意任务错误率,然后对注意任务错误率进行 2(记忆—注意任务相关维度:相同或不同)×2(实验:实验三 A 或实验三 B)方差分析结果显示,所有效应均没有达到统计显著性,$Fs<2.159$,$ps>0.159$,$p_{rep}s<0.76$。

3. 记忆任务错误率

对记忆任务错误率进行 2(记忆—注意任务相关维度:相同或不同)×2(ISI:800 ms 或 4000 ms)重复测量方差分析结果发现,ISI 的主效应边缘显著,ISI 为 800 ms 时的记忆任务错误率($M=5\%$)高于 ISI 为 4000 ms 时的错误率($M=3.7\%$),$F(1,9)=3.692$,$p=0.087$,$p_{rep}=0.832$,$\eta^2=0.291$;记忆—注意任务相关维度的主效应以及两自变量之间的交互效应均没有达到统计显著性,$Fs<1.879$,$ps>0.204$,$p_{rep}s<0.721$。

表 2-6　实验三 B 中各处理条件下注意任务与记忆任务错误率

ISI	注意任务错误率		记忆任务错误率	
	相同	不同	相同	不同
800 ms	0.030	0.043	0.020	0.080
4000 ms	0.013	0.027	0.020	0.053

(三)讨论

本实验采用先完成工作记忆任务再执行注意任务的双任务范式,使得被试在执行注意任务时没有工作记忆要求,即在本实验中当前工作记忆的内容不会对注意任务产生影响,从而只有任务相关维度转换可能会对注意任务产生影响。本实验结果发现,任务相关维度转换确实会对注意任务反应时产生影响,先前的工作记忆任务相关维度与之后的注意任务相关维度不同情况下的注意反应时要明显慢于工作记忆任务相关维度与注意任务相关维度相同情况下的反应时,并且这种转换代价在 ISI 为 800 ms 条件下要高于 ISI 为 4000 ms 条件下,说明较长的刺激间隔有利于降低任务相关维度转换对注意任务的影响。然而,尽管 ISI 为 4000 ms 条件下的转换代价比较小,但其仍然达到了统计显著性,因此,实验三 A 中不一致试验和一致性试验之间的注意任务反应时差异至少部分包含了转换代价,而并非完全是由于基于工作记忆中维度信息的视觉注意所致。事实上,对两个实验间的反应时分析表明,实验三 A 结果确实反映了工作记忆内容与任务相关维度转换对注意任务的共同作用,尤为重要的是,即使将转换代价分离出去,工作记忆任务相关维度与注意任务相关维度不同情况下的反应时仍然显著高于两者相同情况下的反应时,说明当前工作记忆中的维度信息确实可以引导视觉注意选择与之相同的维度,并且这种注意导向具有一定的自动化性质,因为在实验三中当前工作记忆中保持的维度可能是注意任务的无关维度,而且被试也有充足的时间间隔来抑制注意任务的无关维度以积极准备相关维度,然而,尽管如此,被试还是很难忽视当前工作记忆中正在积极保持的维度信息。

以往研究揭示工作记忆内容对视觉注意的自动引导作用可以基于具体的特征值匹配(Downing,2000;Soto,Heinke,Humphreys,& Blanco,2005;Soto,Humphreys,& Heinke,2006a)和抽象的语义联系(Moores,Laiti,& Chelazzi,2003;Koivisto & Revonsuo,2007;Soto & Humphreys,2007;Huang & Pashler,2007)进行。实验三扩展了以往研究结果,证明了当前工作记忆中抽象的维度信息在捕获注意上具有优势地位,引导视觉注意捕获的工作记忆表征具有多种形式,既可以是具体的特征值,也可以是抽象的特征维度。

六、本章小结

按照 Varakin(2006)提出的四条标准,本章设计了一系列实验考察了视觉工作记忆内容对视觉注意的自动引导作用,主要结论如下:

(1)实验一结果表明视场中与当前视觉工作记忆中客体表征完全相同的物体能够优先捕获视觉注意,并且这种自上而下的注意导向效应并非仅仅由于简单重复呈现物体表征所致;

(2)实验二证明了视场中与工作记忆内容仅仅在某个具体特征值上部分匹配

的物体也可优先得到注意偏向,然而,工作记忆中的颜色和形状特征在引导注意的效率方面存在差异;

(3)实验三证明了工作记忆中抽象的视觉维度信息也能自动引导视觉注意,表明基于工作记忆内容的视觉注意捕获可以建立在多种形式的匹配关系基础之上,既可以基于具体特征值的匹配,也可以基于抽象维度的匹配。

第三章　基于言语工作记忆内容的
视觉注意捕获研究

　　在前面的实验中本书探讨了视觉工作记忆内容对选择性注意的自动引导作用，也就是说工作记忆与注意之间的交互作用是通过视觉表征来进行的。那么，一个让人很自然地就会想到的问题是，除了视觉工作记忆内容可以自动引导注意选择以外，其他编码形式的工作记忆表征，如言语表征，是否也可以自动引导视觉注意呢？根据Baddeley(1986)所提出的工作记忆多成分模型，工作记忆包括视觉空间(visuospatial)工作记忆和言语(verbal)工作记忆两个存储系统。据此，在第三章里我以描述颜色或形状的中文单词为记忆刺激，探讨言语工作记忆内容对视觉注意的自动引导作用，这部分的研究将有利于深化我们对影响视觉注意的工作记忆内容的编码性质的理解。本章共进行两个实验，实验四研究言语工作记忆中的具体特征信息对视觉注意的引导作用，实验五研究言语工作记忆中的维度信息对视觉注意的影响。

一、实验四：基于特征值的匹配

　　在实验一和实验二中我证明了视觉工作记忆中具体特征可以自动引导视觉注意选择视场中具有类似特征的物体。实验四将进一步考察当工作记忆表征以语音形式进行编码时，言语工作记忆中的具体特征信息是否能自动引导注意选择视场中与之匹配的视觉特征。如果能够证明言语工作记忆中具体特征信息也能自动引导视觉注意的话，那么可以为工作记忆能够基于具体特征值自动引导视觉注意提供更为丰富的证据。实验采用双任务范式，要求被试在言语工作记忆的保持阶段完成探测区分任务。与实验一和实验二不同的是，本实验所采用的记忆刺激是描述物体颜色和形状的中文单词，如"红色三角形"，要求被试根据单词的意义完成工作记忆任务。记忆匹配项被定义为与记忆单词所描述的形状、颜色或形状颜色都匹配的物体，并且探测项永远不会呈现在匹配项所在的空间位置上。如果言语工作记忆中具体特征值能自动引导视觉注意的话,那么有匹配项存在的试验的注意探测反应时要显著慢于没有匹配项存在的试验的反应时。

(一)方法

1.被试

10 名浙江大学在校学生参加了本次实验,年龄在 18～26 岁之间,所有被试均报告视力或矫正视力正常,无色盲或色弱,右利手且以前没有参加过类似实验。

2.仪器和材料

同实验二,差别仅在于本实验中记忆材料是描述物体颜色和形状的中文单词,如"红色三角形"。描述颜色的单词有"红色"、"绿色"、"蓝色"、"黄色"和"青色"等五个,描述形状的单词有"圆形"、"菱形"、"三角形"、"五边形"和"六边形"等五个,因此实验中呈现的记忆单词共有 $5 \times 5 = 25$ 个。为了避免被试在记忆测试时根据单词的字数来做判断,所有呈现的单词字数均为 5 个,对于"圆形"和"菱形"在其前面加个"的"字,如"红色的圆形"。每个五字单词的大小约为 $5.8° \times 1°$。

3.实验设计与过程

采用单因素重复测量实验设计,实验程序类似于实验二,不同之处在于以下几点。记忆项为描述物体形状与颜色的中文单词,记忆项与闪现项之间的 SOA 设定在 2506 ms。实验共有四种处理水平。在无匹配项条件下,闪现项中的两个物体的颜色与形状均和记忆项所描述的特征不同;在颜色匹配条件下,闪现项中的一个物体的颜色与记忆项所描述的颜色相同,但其形状与记忆项所描述的形状不同,并且闪现项中的另一个物体的颜色与形状和记忆项所描述的特征都不同;在形状匹配条件下,闪现项中的一个物体的形状与记忆项所描述的形状相同,但其颜色与记忆项所描述的颜色不同,并且闪现项中的另一个物体的颜色与形状均和记忆项所描述的特征不同;在联合匹配条件下,闪现项中的一个物体的颜色与形状都与记忆项所描述的特征相同,并且闪现项中的另一个物体的颜色和形状均与记忆项所描述的特征不同(见图 3-1);

正式实验共包括 128 次试验,每个处理水平下各有 32 次试验。50％试验中记忆单词与记忆测试单词完全相同,在另 50％试验中记忆单词与记忆测试单词仅颜色词相同、仅形状词相同或形状颜色词汇都不相同。各种条件下的试验次序随机安排。为了避免被试仅仅根据单词的外部物理特征完成记忆测试,并且确保记忆单词确实进入工作记忆当中,每次试验中要求被试看到记忆项时出声朗读该单词,并将之记在心里直到单次试验结束。每个被试在正式实验前先接受 16 次练习试验以熟悉任务要求,整个实验约需 18 分钟,其间被试可稍作休息。

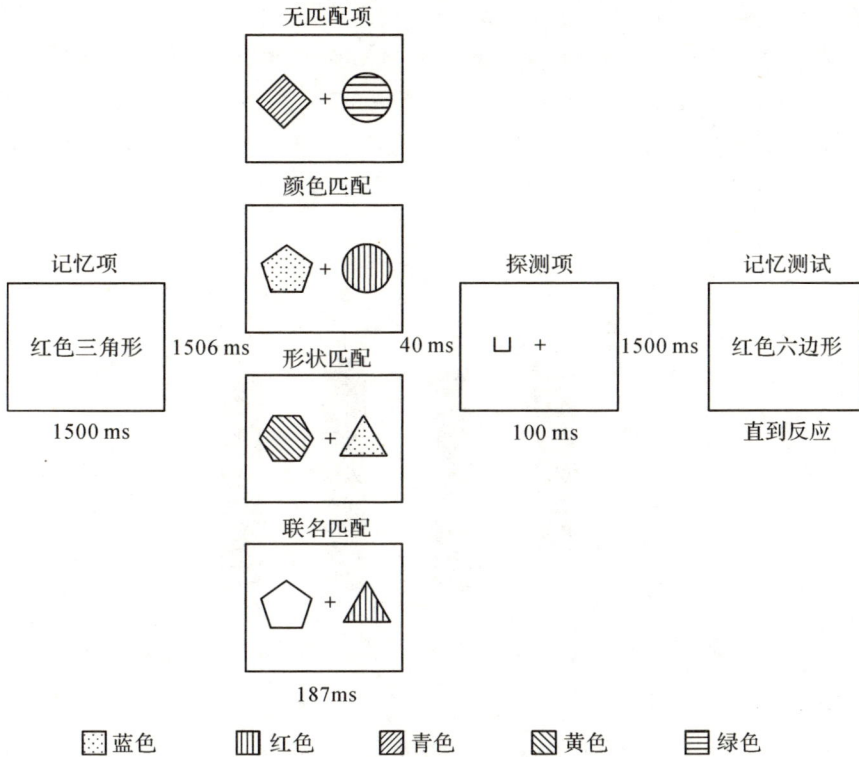

无匹配项

颜色匹配

记忆项 探测项 记忆测试

红色三角形 1506 ms 40 ms ⊔ + 1500 ms 红色六边形

形状匹配

1500 ms 100 ms 直到反应

联名匹配

187ms

▦蓝色 ▥红色 ▨青色 ▧黄色 ▤绿色

图 3-1 实验四中的程序和刺激示例

（二）结果与分析

注意任务的平均错误率为 1.5%，记忆任务的平均错误率为 3.7%，各种处理条件下的注意任务错误率和记忆任务错误率如表 3-1 所示。

1. 注意任务反应时

对注意任务反应时的分析仅包括注意任务与记忆任务都正确反应的试验数据，有 4.8% 的错误反应试验数据因此被剔除。各处理条件下的平均反应时如图 3-2 所示。首先，我将颜色匹配、形状匹配和联合匹配三种条件下的注意探测反应时合并求平均值作为有匹配项条件下的反应时，再将其与无匹配项条件下的反应时进行比较，以从总体上考察言语工作记忆中具体特征对视觉注意的引导作用。配对组检验结果显示，有匹配项存在的试验的注意反应时（$M=567$ ms）要明显慢于无匹配项存在的试验的反应时（$M=548$ ms），$t(9)=4.714$，$p=0.001$，$p_{rep}=0.986$。然后，我分别考察了言语工作记忆中颜色、形状以及联合特征对视觉注意的自动引导作用。颜色匹配条件下的注意探测反应时（$M=566$ ms）显著慢于无匹配项条件下的反应时，$t(9)=3.888$，$p=0.004$，$p_{rep}=0.97$；形状匹配条件下的注意探测反应时（$M=561\ ms$）显著慢于无匹配项条件下的反应时，$t(9)=3.867$，$p=0.004$，$p_{rep}=0.97$；联合匹配条件下的注意探测反应时（$M=573\ ms$）显著慢于无匹配项条件下的反应时，$t(9)=4.55$，$p=0.001$，$p_{rep}=0.986$。对反应时的单因素重复测量方差分析结果与上述分析结果一致，$F(3,27)=12.024$，$p<0.001$，$p_{rep}>0.99$，$\eta^2=0.572$。

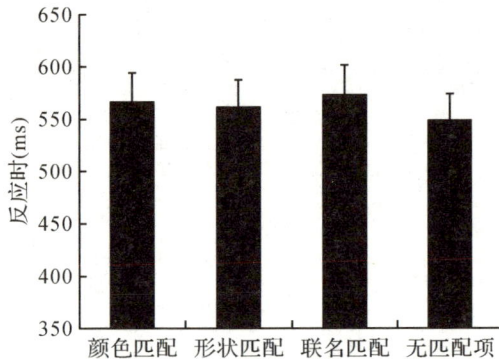

图 3-2　实验四中各处理条件下注意探测反应时与标准误

2.注意任务错误率

对注意任务错误率进行单因素重复测量方差分析没有发现任何统计显著性效应，$F(3,27)=0.93$，$p=0.44$，$p_{rep}=0.543$，$\eta^2=0.094$。各配对组检验结果亦没有达到统计显著性，$ts<1$，$ps>0.343$，$p_{rep}s<0.613$。

3.记忆任务错误率

对记忆任务错误率进行单因素重复测量方差分析没有发现统计显著性效应，$F(3,27)=1$，$p=0.408$，$p_{rep}=0.565$，$\eta^2=0.1$。各配对组检验结果亦没有达到统计显著性，$ts<1.048$，$ps>0.322$，$p_{rep}s<0.628$。

表 3-1　实验四中各处理条件下注意任务与记忆任务错误率

	颜色匹配	形状匹配	联合匹配	无匹配项
注意任务错误率	0.019	0.022	0.006	0.013
记忆任务错误率	0.025	0.034	0.047	0.041

（三）讨论

本实验结果显示有匹配项存在的试验的注意探测反应时明显慢于无匹配项存在的反应时，表明当闪现项中的某一物体视觉特征与记忆单词所描述的特征相匹配时，该物体就会自动捕获视觉注意。结合实验一和实验二的结果，可以发现基于工作记忆内容的视觉注意捕获不一定要求记忆项以视觉编码为前提，工作记忆中语音编码的特征信息同样也可以引导注意选择视场中与之匹配的视觉特征。实验四结果也表明，当视场中的物体与工作记忆内容仅仅在概念水平上存在匹配关系就可以产生注意导向效应，这进一步扩展了以往的研究以具体的物理特征匹配为基础来探讨工作记忆内容对视觉注意的自动引导作用。然而，也许有人要说，在实验四中闪现项会被自动命名，然后其名称与记忆单词之间的联系引导了视觉注意。这种观点看起来不太可能适用于本研究，因为有研究提示颜色—形状命名是慢速的、系列的过程（Meyer，Sleiderink，& Levelt，1998），而实验四中闪现项呈现的时间非常短（187 ms），被试根本不可能有充足的时间对闪现项进行命名。还有另外一种可能性即是，当被试在记忆单词时，他们可能会在头脑中形成一个与单词所描述特征类似的心理表象，而正是这种心理表象与匹配项之间的视觉联系才引导了注意偏向。然而，这种可能性也是微乎其微的，因为，注意匹配项会不利于完成注意任务，并且记忆测试项也是以单词的形式呈现的，如果被试将记忆单词创建为心理表象的话，在进行记忆测试时他们还需要将这种心理表象转化为言语表征以便与记忆测试项进行比较，因此，被试没有明显动机和理由去根据记忆单词所描述的特征创建相应的心理表象。

二、实验五：基于特征维度的匹配

在实验三中本书证明了视觉工作记忆中的维度信息可以自动捕获视觉注意选择视场中与之匹配的视觉维度，说明工作记忆可以基于更为抽象的内容自动引导视觉注意。实验五将进一步考察当工作记忆中客体的维度信息以言语形式进行编码时，视觉注意是否还能自动选择视场中与当前工作记忆中正在保持的维度信息相匹配的视觉维度？如果证明言语工作记忆中的维度信息也能自动引导视觉注意的话，那么将为记忆驱动注意捕获可以基于抽象内容进行提供更丰富的证据支持。实验采用要求被试在言语工作记忆的保持阶段判断两个同时呈现的物体的颜色或形状是否相同的双任务范式，与实验三A不同之处仅在于本实验所采用的记忆刺激是描述各种颜色或形状的中文单词，要求被试根据单词的意义完成工作记忆任务。如果言语工作记忆中的维度信息也可以自动引导视觉注意的话，那么当注意任务的相关维度与言语工作记忆中的相关维度不一致时的注意任务反应时要显著慢于两者一致时的反应时，即出现一致性效应。

(一)方法

1.被试

12名浙江大学在校学生参加了本次实验,年龄在18~25岁之间,所有被试均报告视力或矫正视力正常,无色盲或色弱,右利手且以前没有参加过类似实验。

2.仪器和材料

同实验三A,差别仅在于本实验中记忆材料是描述颜色或形状的中文单词,描述颜色的单词有"红色""绿色""蓝色""黄色"和"青色"等五个,描述形状的单词有"圆形""菱形""梯形""扇形"和"矩形"等五个。每个单词的大小约为2.2°×1°。

3.实验设计与过程

实验采用2(单词所属维度:颜色或形状)×2(注意任务相关维度:颜色或形状)被试内设计。实验分为四部分,每部分开始前在屏幕上呈现指导语,以告知被试在接下来的试验中要求其完成注意任务的相关维度。被试按空格键开始每一次试验,单次试验流程如图3-3所示。首先在屏幕中央呈现注视点500 ms,注视点消失后在屏幕中央呈现一个中文单词(记忆项)1000 ms,要求被试记住该单词所描述的颜色(或形状),并同时小声读出该单词,这能确保被试确实将相关信息保持在工作记忆中(Soto & Humphreys,2007)。延迟4000 ms后在屏幕中心左右两侧同时呈现两个彩色图形,两物体之间的中心距离约为6°,此时要求被试在保证正确的前提下尽快判断两个物体的颜色(或形状)是否相同,如果相同则按鼠标左键,否则按鼠标右键,两个物体直到被试做出按键反应后才会消失。接着经过500 ms的延迟之后在屏幕中央呈现一个中文单词(记忆测试项),并且在其正上方同时呈现两个黑色问号"??",以提示被试判断该单词所描述的颜色(或形状)是否与记忆项所描述的颜色(或形状)相同,如果相同则按鼠标左键,否则按鼠标右键,并且告诉被试要求尽量判断正确,但对反应速度没有要求,记忆测试项也是直到被试做出按键反应后才会消失。

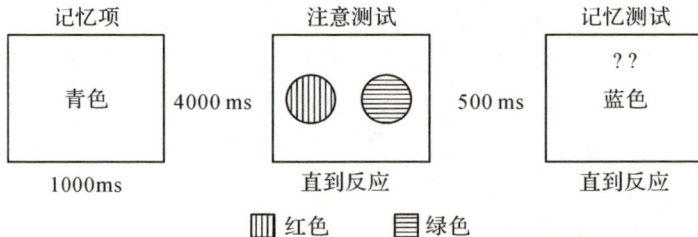

图3-3 实验五中的程序和刺激示例

　　每次试验中注意任务所涉及的两个物体的颜色和形状所引发的反应都是不一致的(在一半试验中两个物体的颜色相同但形状不同,在另一半试验中两者颜色不同但形状相同),并且每次试验中这两个物体在颜色与形状上都与记忆项所描述的颜色或形状是不同的,以避免产生基于言语工作记忆中具体特征值的视觉注意捕获。在50%的试验中记忆项所属维度与注意任务的相关维度是相同的(描述颜色的单词—注意颜色、描述形状的单词—注意形状各占一半),而在另外50%试验中记忆项所属维度与注意任务的相关维度是不相同的(描述颜色的单词—注意形状、描述形状的单词—注意颜色各占一半)。另外,整个实验中有50%试验中记忆测试项与记忆项是相同的,而在另外50%试验中两者是不同的。

　　根据单词所属维度(颜色或形状)与注意任务的相关维度(颜色或形状)将正式实验分为4个blocks:(1)颜色—形状;(2)颜色—颜色;(3)形状—颜色;(4)形状—形状。每个block包含30次试验。每个block开始之前都会在屏幕上呈现指导语以告知被试在这个block内单词所属维度与注意任务的相关维度。各block之间的顺序在被试间做了平衡。每个被试在正式实验前先接受20次练习试验以熟悉任务要求,整个实验约需25分钟,其间被试可稍作休息。

(二)结果与分析

　　注意任务的平均错误率为3%,记忆任务的平均错误率为2.9%,各种处理条件下的注意任务错误率和记忆任务错误率如表3-2所示。

1.注意任务反应时

　　对注意任务反应时的分析仅包括注意任务与记忆任务都正确反应的试验数据,有5.8%的错误反应试验数据因此被剔除。各种条件下的平均正确反应时如图3-4所示。2(单词所属维度:颜色或形状)×2(注意任务相关维度:颜色或形状)重复测量方差分析结果显示,单词所属维度的主效应没有达到统计显著性,$F(1, 11)=2.559, p=0.138, p_{rep}=0.779, \eta^2=0.189$;注意任务相关维度的主效应达到统计显著性,$F(1,11)=8.707, p=0.013, p_{rep}=0.942, \eta^2=0.442$,被试对物体颜色的判断明显快于对物体形状的判断,即出现颜色优势效应;更为重要的是,两自变量之间的交互效应也达到了统计显著性,$F(1,11)=6.44, p=0.028, p_{rep}=0.912, \eta^2=0.369$。当注意任务的相关维度为颜色时,在记忆描述物体形状单词的试验中的注意任务反应时($M=734$ ms)要显著慢于记忆描述物体颜色单词的试验中的注意任务反应时($M=649$ ms),$t(11)=2.738, p=0.019, p_{rep}=0.929$;此外,当注意任务的相关维度为形状时,在记忆描述物体颜色单词的试验中的注意任务反应时($M=755$ ms)也慢于记忆描述物体形状单词的试验中的注意任务反应时($M=731$ ms),

但是这个差异没有达到统计显著性，$t(11)=0.913$，$p=0.381$，$p_{rep}=0.585$。为了更直接地测量基于言语工作记忆中维度信息的视觉注意捕获效应，我比较了言语工作记忆任务和注意任务的相关维度相同的试验（一致性试验）的反应时与言语工作记忆任务和注意任务的相关维度不同的试验（不一致试验）的反应时，结果显示，不一致试验中的反应时（$M=744$ ms）要显著慢于一致性试验中的反应时（$M=690$ ms），$t(11)=2.538$，$p=0.028$，$p_{rep}=0.912$。

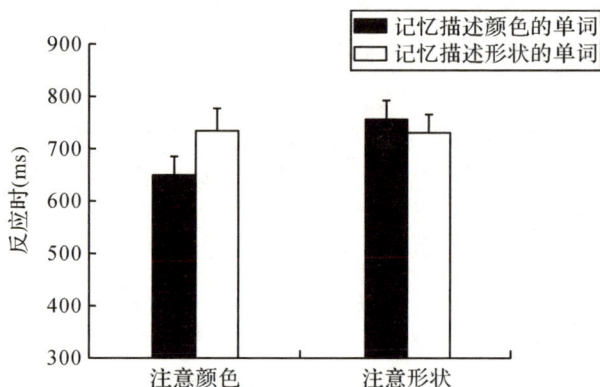

图 3-4 实验五中各处理条件下注意任务的平均反应时与标准误

2.注意任务错误率

对注意任务错误率进行 2（单词所属维度：颜色或形状）×2（注意任务相关维度：颜色或形状）重复测量方差分析没有发现任何效应达到统计显著性，$Fs < 2.711$，$ps > 0.128$，$p_{rep}s < 0.789$。

3.记忆任务错误率

对记忆任务错误率进行 2（单词所属维度：颜色或形状）×2（注意任务相关维度：颜色或形状）重复测量方差分析没有发现任何效应达到统计显著性，$Fs < 3.09$，$ps > 0.107$，$p_{rep}s < 0.81$。

表 3-2 实验五中各处理条件下注意任务与记忆任务错误率

记忆单词所属维度	注意任务错误率		记忆任务错误率	
	注意颜色	注意形状	注意颜色	注意形状
颜色	0.036	0.011	0.014	0.039
形状	0.017	0.022	0.025	0.028

（三）讨论

实验五的结果与本书的假设是一致的，即当注意任务相关维度和言语工作记忆相关维度不同（不一致试验）时的注意任务反应时要显著慢于两者相同（一致性试验）时的注意任务反应时，这种一致性效应反映了言语工作记忆中维度信息自动引导了视觉注意选择视场中与之相匹配的视觉维度。结合实验三结果可以发现，无论工作记忆中的维度信息是视觉编码还是语音编码，当前工作记忆中的维度信息都能自动引导视觉注意选择视场中与之相对应的视觉维度，而不管该维度是否是当前注意任务的相关维度。然而，有一点需要特别提出的是，当注意任务的相关维度是形状时，尽管记忆描述颜色特征的单词的试验的注意反应时慢于记忆描述形状特征的单词的试验的反应时，但是这种差异并没有达到统计显著性。我认为这可能和特征判断任务的颜色优势效应有关。所谓颜色优势效应是指，当只要求被试完成反应竞争任务时，即只要求被试判断两个物体的颜色或形状是否相同，被试判断颜色的反应时（$M=609$ ms）要明显快于判断形状的反应时（$M=708$ ms）（$p=0.002$）。这种颜色优势效应是一种自下而上的刺激驱动过程，表明物体的颜色维度更为显著（salient）而优先捕获视觉注意。因此，当注意任务相关维度为形状时，被试需要努力控制颜色维度所引发的选择反应，这种较强的认知控制减弱了工作记忆中维度信息对注意的自动引导作用，从而使得一致性效应变得不明显了。而当注意任务相关维度为颜色时，由于形状维度没有颜色维度那么显著，因此被试不需要花很大的努力去控制对形状维度的选择反应，从而为观察一致性效应提供了理想条件。

同实验三结果相比较，可以发现言语工作记忆中的维度信息对视觉注意的自动引导作用要明显小于视觉工作记忆中的维度信息对注意的自动引导作用。因为，在视觉工作记忆条件下无论注意任务的相关维度是形状还是颜色，都出现了非常显著的一致性效应；而在言语工作记忆条件下，只有当注意任务的相关维度是颜色时，才观察到了明显的一致性效应。这可能是由于在实验三中工作记忆任务相关维度与注意任务相关维度都是物体的视觉维度，两者之间的联系较为具体和直接，而在实验五中工作记忆任务相关维度是言语表征，而注意任务所涉及的维度是视觉表征，两者之间的联系更为抽象和概念化。这表明，与工作记忆中的视觉维度相比，尽管以言语形式编码的维度信息也可以自动引导注意选择视场中与之匹配的视觉维度，但是这种基于维度的视觉注意捕获要明显变弱。

三、本章小结

本章通过两个实验分别探讨了言语工作记忆中的特征值和特征维度对视觉注意的自动引导作用,主要结论如下:

(1)言语工作记忆中的颜色特征、形状特征以及颜色—形状联合特征都能自动引导视觉注意选择视场中与之匹配的视觉特征;

(2)言语工作记忆中的颜色和形状维度能自动引导视觉注意选择视场中与之匹配的视觉维度。

第四章　基于工作记忆内容的视觉注意捕获的自动性研究

在前面笔者通过一系列实验揭示了工作记忆内容,无论是视觉编码表征还是言语编码表征,并且无论是具体的特征值还是抽象的特征维度,都能够自动引导视觉注意选择视场中与之匹配的物体。由于在实验中,记忆匹配项通常是作为干扰刺激而出现的,因此被试没有明显的动机去主动注意匹配项,因为注意匹配项将不利于注意任务的完成。然而,即使在这种情况下,匹配项仍然优先获得了注意偏向。因此,可以推论这种基于工作记忆内容的视觉注意捕获具有一定的自动化性质。与我的观点类似,其他一些作者也认为工作记忆内容对视觉注意的自上而下的引导作用是一种不受意志控制的自动化过程(Soto, Heinke, Humphreys, & Blanco, 2005; Olivers, Meijer, & Theeuwes, 2006)。然而,也有一些研究者却持有不同的观点。Woodman & Luck(2007)认为工作记忆与视觉注意之间的交互关系远比偏向竞争模型所描述的要复杂,为了更好地完成当前任务,被试可能会采取不同的策略,相应地,工作记忆内容可以被灵活地利用以便选择或回避记忆匹配项。鉴于工作记忆可以被分割为容量有限的注意焦点(focus of attention)和容量相对较大的激活了的长时记忆表征两部分,当某一激活了的长时记忆表征与当前任务相关时,该表征才会进入注意焦点(Cowan, 1999; Klapp, Marshburn, & Lester, 1983; Oberauer, 2002),Downing & Dodds(2004)认为,只有处于注意焦点内的工作记忆表征才能引导视觉注意以直接影响行为,而处于注意焦点以外的记忆表征却不能够影响注意分配。

因此,关于工作记忆内容对视觉注意的引导过程是否为真正强健的自动化过程目前学术界还有争论。笔者认为,这主要是由于以往研究缺乏一个用以衡量自动化过程的标准所致。如果研究者采用一个明确的被普遍认可的自动化过程的判断标准,那么就能够较为明确的判断基于工作记忆内容的视觉注意捕获是否具有非常强健的自动化性质。鉴于此,本章根据一个被广泛采用的强健自动化过程的标准设计了三个系列实验,以检验基于工作记忆内容的视觉注意捕获的自动性。

一、实验六 A：有提示信息的中央箭头线索

为了进一步检验基于工作记忆内容的视觉注意捕获的自动性，笔者引入了一个被普遍采用的衡量自动化过程的标准，即意向性标准（intentionality criterion；Schneider & Shiffrin，1977；Schneider & Fisk，1982；Yantis & Jonides，1990）。根据该标准，如果工作记忆内容对视觉注意的引导过程为真正强健的自动化过程，那么它一定不会受到被试主动控制（voluntary control）的影响。否则，若内源性注意转移能成功阻止记忆匹配项获得注意偏向，那么基于工作记忆内容的视觉注意捕获就不是自动化的过程，至少不能说是真正强健的完全自动化过程。本研究采用中央箭头提示的方式来考察基于工作记忆内容的视觉注意捕获是否受主动控制的影响。实验分为两个部分，50％试验中没有中央线索提示，而在另 50％试验中在闪现项呈现之前呈现中央箭头以提示接下来的探测项将要出现的空间位置，并且其有效性为 100％。如果基于工作记忆内容的视觉注意捕获是非常强健的自动过程的话，那么不管是否有中央线索提示，这种记忆驱动注意偏向效应都应该能够被观察到，否则，在中央线索提示的条件下工作记忆效应将消失。

（一）方法

1. 被试

10 名浙江大学在校学生参加了本次实验，年龄在 18～23 岁之间，所有被试均报告视力或矫正视力正常，无色盲或色弱，右利手且以前没有参加过类似实验。

2. 仪器和材料

同实验一 A，差别仅在于本实验中还涉及黑色的中央箭头，其箭头朝向或左或右。

3. 实验设计与过程

实验采用 2（匹配项：有或无）×2（中央线索：有或无）被试内设计。实验设计与程序和实验一 A 类似，不同之处在于以下几个方面。所有试验中记忆项与闪现项之间的 SOA 均为 2506 ms。若试验中有中央箭头的话，中央箭头在记忆项消失后 1206 ms 后呈现，其呈现时间为 300 ms。被试被告知中央箭头指示的方向即为探测项将要呈现的方向，其有效性为 100％，要求被试看到中央箭头时就转移注意至箭头所指方向以提前准备辨别探测项的开口方向，但其注视点仍然要求保持在屏幕正中央。

正式实验分为 2 个 blocks,每个 block 包含 80 次试验。一个 block 内没有中央线索,而在另一个 block 内每次试验中都呈现中央线索。因为探测项永远都不会出现在匹配项所在的空间位置上,故匹配项所在的空间位置永远和中央箭头所指的方向刚好相反(见图 4-1)。例如,中央箭头若指向注视点左边的话,那么匹配项肯定出现在注视点右边(如果有匹配项出现的话)。每个 block 内匹配项仅在 50% 的试验中呈现。对于每次试验来说,是否呈现匹配项是随机的。2 个 blocks 之间的先后顺序在被试间做了平衡。正式实验开始前每个被试接受 20 次练习试验以熟悉任务要求。整个实验约需要时间 25 分钟,其间被试可稍做休息。

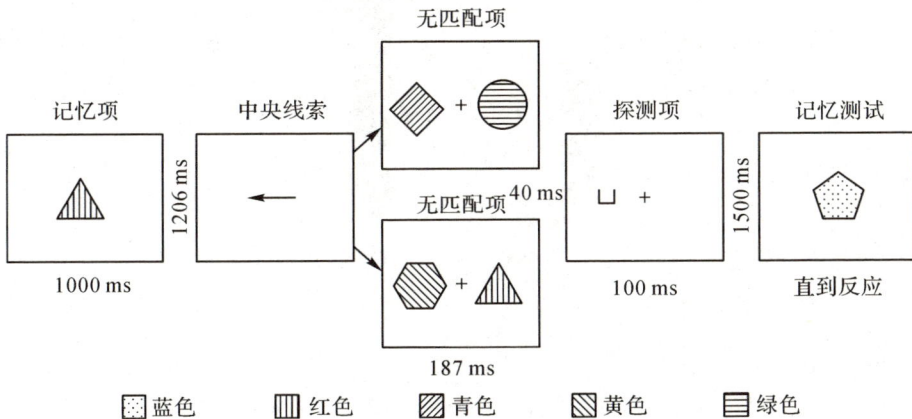

图 4-1 实验六 A 中有中央线索的试验流程和刺激示例

(二)结果与分析

注意探测任务的平均错误率为 2.4%,记忆任务的平均错误率为 5.7%,各种处理条件下的注意任务错误率和记忆任务错误率如表 4-1 所示。

1.注意任务反应时

对注意探测反应时的分析仅包括注意任务与记忆任务都正确反应的试验数据,有 7.8% 的错误反应试验数据因此被剔除。对反应时进行 2(匹配项:有或无)×2(中央线索:有或无)重复测量方差分析结果显示,中央线索的主效应达到了统计显著性,$F(1,9)=11.02$,$p=0.009$,$p_{rep}=0.953$,$\eta^2=0.55$,有中央线索的试验中的探测反应时($M=465$ ms)显著快于无中央线索的试验中的反应时($M=502$ ms);匹配项的主效应达到统计显著性,$F(1,9)=18.96$,$p=0.002$,$p_{rep}=0.979$,$\eta^2=0.62$;更为重要的是,两自变量的交互效应也达到了统计显著性,$F(1,9)=7.064$,$p=0.026$,$p_{rep}=0.915$,$\eta^2=0.44$。如图 4-2 所示,当没有中央箭头时,有匹配项存在的试验中的注意探测反应时($M=512$ ms)显著慢于无匹配项存在的试验中的注意探测反应时($M=493$ ms),$t(9)=4.563,p=0.001,p_{rep}=0.986$;而当有中央箭头时,有匹配项存在的试验中的注意探测反应时($M=467$ ms)与无匹配项存在的试验中的注意探测反应时($M=464$ ms)没有显著差异,$t(9)=1.185,p=0.266,p_{rep}=0.671$;上述结果表明,工作记忆内容对视觉注意的引导过程并非是真正强健的自动化过程,而是能够被主观控制所调节的。

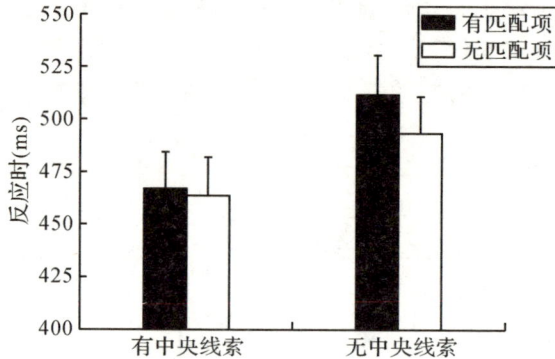

图 4-2 实验六 A 中各处理条件下注意探测反应时与标准误

2.注意任务错误率

对注意任务错误率进行 2(匹配项:有或无)×2(中央线索:有或无)重复测量方差分析没有发现任何效应达到统计显著性,$Fs<1,ps>0.343,p_{rep}s<0.613$。

3.记忆任务错误率

对记忆任务错误率进行 2(匹配项:有或无)×2(中央线索:有或无)重复测量方差分析没有发现任何效应达到统计显著性,$Fs<0.734,ps>0.414,p_{rep}s<0.561$。

表 4-1 实验六 A 中各处理条件下注意任务与记忆任务错误率

	注意任务错误率		记忆任务错误率	
	有匹配项	无匹配项	有匹配项	无匹配项
有中央线索	0.028	0.025	0.058	0.058
无中央线索	0.030	0.015	0.048	0.065

(三)讨论

实验六 A 以客体工作记忆为例,为基于工作记忆内容的视觉注意捕获的自动性提供了初步证据,即工作记忆内容对视觉注意的引导过程并不符合强自动化过程的意向性标准。请想象一下,如果记忆匹配项能够自动捕获视觉注意而不管注意是否已经提前转移至某一个特定的空间位置上的话,那么在有中央线索存在的 block 中有匹配项的试验的反应时也应该会显著慢于无匹配项的试验的反应时。然而,很明显实验六 A 的结果并非如此。当被试利用箭头线索提前转移注意至探测项将要出现的空间位置上时,工作记忆内容对视觉注意的引导作用消失了。这说明基于工作记忆内容的视觉注意捕获能够被由箭头线索所引发的内源性注意所抑制,因此,基于工作记忆内容的视觉注意捕获也许并不能被称作非常强健的自动化过程。

　　然而,上述结论的正确性至少会受到以下两种可能性的挑战。第一,在实验六 A 中箭头线索呈现的时间为 300 ms,对被试来说这个呈现时间可能足够长以至于产生了眼动行为,使得在闪现项呈现之前或之时注视点就已经偏向探测项将要呈现的空间位置,从而导致匹配项处于视野边缘而降低了其捕获视觉注意的能力。如果这是真的话,实验六 A 在有中央线索的 block 中没有观察到工作记忆内容对注意的引导作用,事实上那是由于外显的眼动(overt eye movements)所致,而并非由箭头线索所引发的内隐的注意转移(covert attention shifts)所致。第二,以往有研究表明,当箭头不带有提示性信息时,箭头线索也能引发视觉注意的自动转移(Eimer,1997;Tipples,2002;Pratt ＆ Hommel,2003)。因此,也许不需要按照箭头进行内源性注意转移,而仅仅给被试呈现不带有提示信息的中央箭头也能够阻止记忆匹配项获得注意偏向。以下所设计的两个实验就是用来排除上述两种可能性的。

二、实验六 B:排除眼动解释

　　实验六 A 中在有中央箭头的条件下记忆匹配项没有表现出自动捕获注意的能力,我推论这是由于中央箭头所引起的主动控制对基于工作记忆内容的视觉注意捕获的抑制作用。然而,这种结论是建立在我假设被试在每次试验中自始至终其注视点都保持在中央"＋"之上的前提下的。但是,由于实验六 A 中箭头线索呈现的时间比较长(300 ms),以至于被试可能在闪现项呈现之前或之时其眼睛已经偏离了中央注视点而朝向箭头所指示的方向。这种可能的眼睛运动将会使得记忆匹配项处于视野的边缘位置,从而使记忆匹配项丧失了捕获视觉注意的可能性。因此,为了排除眼动对实验结果的可能影响,需要将中央箭头呈现的时间缩短,从而使得被试在看到中央箭头后既能内隐性地转移注意,又能将注视点继续保持在屏幕中央。为此,实验六 B 中箭头线索的呈现时间设定在 175 ms,有研究提示,当中央箭头呈现时间在 200 ms 以内时,被试可以根据箭头提示转移注意但却不会引起眼动(Yantis & Jonides,1990)。另外,为了使得有中央线索与无中央线索两种条件下的试验流程尽量相同,本实验中在无中央线索的 block 内用不带有提示信息的水平线段代替箭头。也就是说,在无中央线索的 block 内,在闪现项出现之前在屏幕中央呈现一条与中央箭头长宽相同的黑色水平线段 175 ms,从而使得两个 blocks 内的试验流程基本相同。与实验六 A 假设类似,如果 100% 有效中央箭头所引发的主动控制确实能够克服基于工作记忆内容的视觉注意捕获的话,那么工作记忆效应将在有中央箭头的条件下消失。

(一)方法

1.被试

11 名浙江大学在校学生参加了本次实验,年龄在 18～22 岁之间,所有被试均报告视力或矫正视力正常,无色盲或色弱,右利手且以前没有参加过类似实验。

2.仪器和材料

同实验六 A,差别仅在于本实验中还涉及黑色的水平线段,其长度与宽度与中央箭头相当。

3.实验设计与过程

实验采用 2(匹配项:有或无)×2(中央线索:有或无)被试内设计。实验设计与程序和实验六 A 类似,不同之处在于以下几个方面。记忆项消失后 1331 ms 呈现中央箭头 175 ms,箭头线索消失后紧接着就呈现闪现项。因此,记忆项与闪现项之间的 ISI 仍然是 1506 ms。在没有中央线索的试验中用不带有空间提示信息的黑色水平线段代替中央箭头,水平线段呈现在屏幕中央,呈现时间为 175 ms,以使得有无中央线索这两种条件下的试验流程基本相同(见图 4-3)。

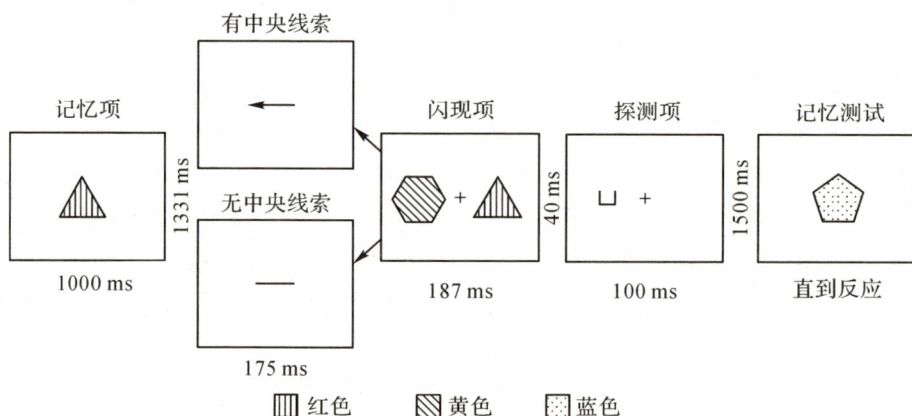

图 4-3　实验六 B 中的试验流程和刺激示例

正式实验分为 2 个 blocks，每个 block 包含 80 次试验。一个 block 内每次试验中呈现水平线段（无中央线索），而在另一个 block 内每次试验中都呈现中央箭头（有中央线索）。每个 block 内匹配项仅在 50% 的试验中呈现。对于探测项来说，中央箭头永远是有效线索，而匹配项永远都是无效线索。因此，在有中央线索的 block 内，匹配项所在的空间位置与中央箭头所指的方向刚好相反。对于每次试验来说，是否呈现匹配项是随机的。2 个 blocks 之间的先后顺序在被试间做了平衡。要求被试在实验过程中注视点自始至终不能偏离屏幕中央，所有被试均报告做到此点并不困难。正式实验开始前每个被试首先接受 20 次练习试验以熟悉任务要求。实验时间大概为 22 分钟，其间被试可稍作休息。

（二）结果与分析

注意探测任务的平均错误率为 2.1%，记忆任务的平均错误率为 3.2%，各种处理条件下的注意任务错误率和记忆任务错误率如表 4-2 所示。

1. 注意任务反应时

对注意探测反应时的分析仅包括注意任务与记忆任务都正确反应的试验数据，有 5.1% 的错误反应试验数据因此被剔除。对反应时进行 2（匹配项：有或无）×2（中央线索：有或无）重复测量方差分析结果显示，中央线索的主效应达到了统计显著性，$F(1,10)=14.06$，$p=0.004$，$p_{rep}=0.970$，$\eta^2=0.568$，有中央线索的试验中的探测反应时（$M=458$ ms）显著快于无中央线索的试验中的反应时（$M=485$ ms）；匹配项的主效应达到统计显著性，$F(1,10)=17.562$，$p=0.002$，$p_{rep}=0.979$，$\eta^2=0.615$；更为重要的是，两自变量的交互效应也达到了统计显著性，$F(1,10)=15.614$，$p=0.003$，$p_{rep}=0.974$，$\eta^2=0.598$。如图 4-4 所示，当没有中央箭头时，有匹配项存在的试验中的注意探测反应时（$M=494$ ms）显著慢于无匹配项存在的试验中的注意探测反应时（$M=476$ ms），$t(10)=4.012$，$p=0.002$，$p_{rep}=0.979$；而当有中央箭头时，有匹配项存在的试验中的注意探测反应时（$M=459$ ms）与无匹配项存在的试验中的注意探测反应时（$M=457$ ms）没有显著差异，$t(10)=0.46$，$p=0.655$，$p_{rep}=0.389$；

2. 注意任务错误率

对注意任务错误率进行 2（匹配项：有或无）×2（中央线索：有或无）重复测量方差分析没有发现任何效应达到统计显著性，$Fs<1$。

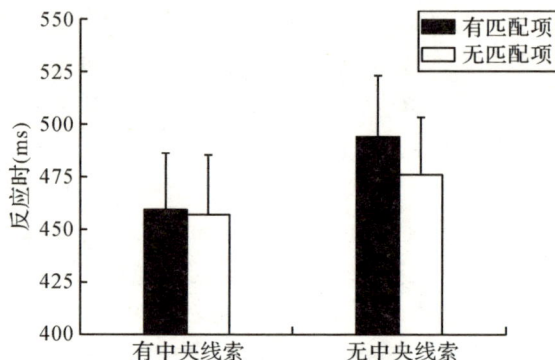

图 4-4　实验六 B 中各处理条件下注意探测反应时与标准误

3.记忆任务错误率

对记忆任务错误率进行 2(匹配项：有或无)×2(中央线索：有或无)重复测量方差分析没有发现任何效应达到统计显著性，$Fs<1$。

表 4-2　实验六 B 中各处理条件下注意任务与记忆任务错误率

	注意任务错误率		记忆任务错误率	
	有匹配项	无匹配项	有匹配项	无匹配项
有中央线索	0.021	0.020	0.028	0.036
无中央线索	0.024	0.018	0.034	0.030

(三)讨论

实验六 A 中箭头线索的呈现时间为 300 ms,这个时间可能足够长以使得被试的注视点偏离屏幕中央,导致记忆匹配项落入视野边缘而丧失了捕获视觉注意的能力。在实验六 B 中箭头线索的呈现时间缩短为 175 ms,使得被试的注视点在闪现项呈现之前或之时不会偏离屏幕中央。结果发现,在无箭头线索的试验中存在显著的基于工作记忆内容的视觉注意捕获效应,然而在有中央箭头的试验中这种工作记忆引导的注意偏向消失了。此外,由于实验中有无中央线索的试验流程基本相同,因此可以推论,根据中央箭头线索进行的内源性注意转移是抑制记忆匹配项捕获视觉注意的根本原因。

没有对被试的眼动情况进行监控是本研究的一个缺点,然而以往的研究证据表明,健康被试在箭头线索提示任务中完全能够按照指导语保持注视点于屏幕中央位置上(Yantis & Jonides,1990;Abrams & Law,2000;Berger,Henik, & Rafal,2005)。此外,研究表明内源性注意转移和眼动并非紧密联系的,两者是可以通过实验指导语加以分离的(Shepherd,Findlay,& Hockey,1986)。也就是说,在理论上,被试可以在保持注视点固定不变的前提下进行内源性注意转移。因此,本研究的结果应该不是由于眼睛运动所造成的。

三、实验六 C:无提示信息的中央箭头线索

在前面两个实验中,箭头线索的有效性为100%,中央箭头所指示的空间位置肯定就是接下来探测项所要呈现的位置。实验中要求被试根据箭头线索转移注意至它所指示的空间位置,结果发现,被试按照箭头线索进行内源性注意转移时会抑制记忆匹配项捕获视觉注意的能力。然而,以往的研究表明,箭头线索也可以自动引发视觉注意朝向它所指示的空间位置(Eimer,1997;Tipples,2002;Pratt & Hommel,2003)。也就是说,在实验六 A 和实验六 B 中,箭头线索所引发的注意转移其实不完全都是主动的内源性注意转移,而是包含了主动的注意转移和自动的注意转移这两种成分在内。这样一来,在有中央线索的试验中,按照箭头线索进行的内源性注意转移也许并非是阻止记忆匹配项捕获视觉注意的必要条件。

也许,箭头线索所自动引发的注意转移也能够阻止基于工作记忆内容的视觉注意捕获。为了检验这种可能性,实验六 C 中给被试呈现不带有提示信息的中央箭头,即在50%试验中箭头线索有效,而在另外50%试验中箭头线索无效。如果箭头线索能够自动引导空间注意,并且这种外源性注意转移能够阻止基于工作记忆内容的视觉注意捕获的话,那么将会观察到有效线索试验中的反应时要快于无效线索试验中的反应时,并且无论箭头线索是否有效,基于工作记忆内容的视觉注意捕获效应都将消失。

(一)方法

1.被试

11名浙江大学在校学生参加了本次实验,年龄在18～22岁之间,所有被试均报告视力或矫正视力正常,无色盲或色弱,右利手且以前没有参加过类似实验。

2.仪器和材料

同实验六 B,差别仅在于本实验中不涉及黑色的水平线段。

3.实验设计与过程

实验采用2(匹配项:有或无)×2(箭头线索:有效或无效)被试内设计。实验设计与程序和实验六 B 类似,不同之处在于以下几个方面。记忆项消失后1331 ms 呈

现中央箭头 175 ms,箭头线索消失后紧接着就呈现闪现项。在 50% 试验中箭头线索指示的空间位置就是接下来探测项将要呈现的空间位置(有效线索),而在另 50% 试验中箭头线索指示的空间位置不是接下来探测项将要呈现的空间位置(无效线索),试验流程如图 4-5 所示。

匹配项仅在 50% 的试验中呈现,每个被试接受 2×2 种处理水平的组合,每种实验处理包括 40 次试验,正式实验总共包含两个 blocks,每个 block 内含有 80 次试验。各种条件下的试验次序在 block 内做随机安排。每个被试在正式实验前先接受 20 次练习试验以熟悉任务要求,整个实验约需 20 分钟,其间被试可稍作休息。

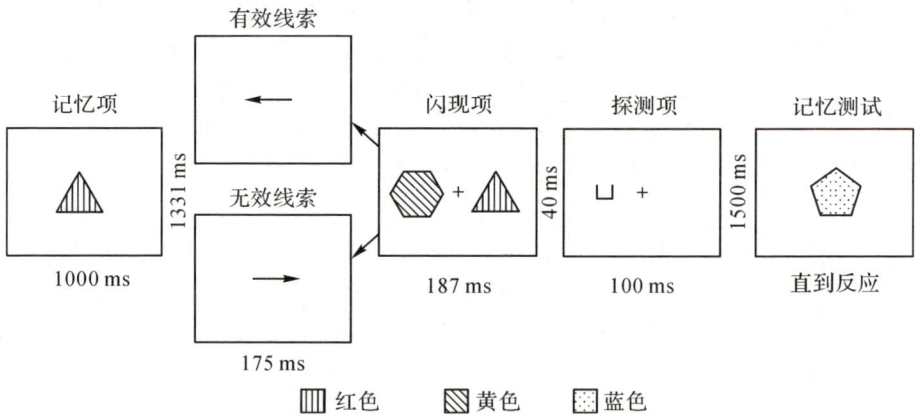

图 4-5 实验六 C 中的试验流程和刺激示例

(二)结果与分析

注意探测任务的平均错误率为 1.6%,记忆任务的平均错误率为 4.1%,各种处理条件下的注意任务错误率和记忆任务错误率如表 4-3 所示。

1. 注意任务反应时

对注意探测反应时的分析仅包括注意任务与记忆任务都正确反应的试验数据,有 5.5% 的错误反应试验数据因此被剔除。各种处理条件下的平均正确反应时如图 4-6 所示。对反应时进行 2(匹配项:有或无)×2(箭头线索:有效或无效)重复测量方差分析结果显示,箭头线索的主效应达到了统计显著性,$F(1,10)=14.96, p=0.003, p_{rep}=0.974, \eta^2=0.596$,箭头线索有效的试验中的探测反应时($M=486$ ms)显著快于箭头线索无效的试验中的反应时($M=497$ ms),表明箭头线索能够自动引发注意转移;匹配项的主效应也达到了统计显著性,$F(1,10)=12.416, p=0.005, p_{rep}=0.966, \eta^2=0.549$;然而,两自变量的交互效应没有达到统计显著性，$F(1,10)=0.403$，$p=0.54$，$p_{rep}=0.472$，$\eta^2=0.039$。这表明，无论箭头线索是否有效，记忆匹配项都获得了注意偏向，箭头线索引发的自动注意转移并不能阻止基于工作记忆内容的视觉注意捕获。

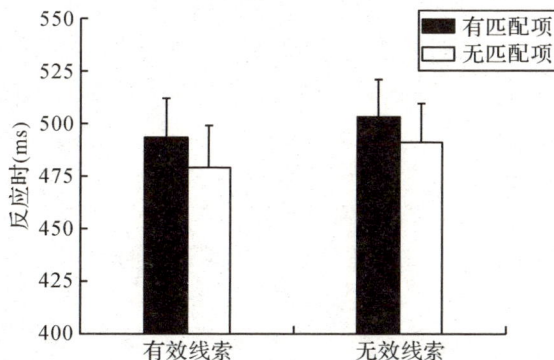

图 4-6　实验六 C 中各处理条件下注意探测反应时与标准误

2. 注意任务错误率

对注意任务错误率进行 2（匹配项：有或无）×2（箭头线索：有效或无效）重复测量方差分析没有发现任何效应达到统计显著性，$Fs<0.85$。

3. 记忆任务错误率

对记忆任务错误率进行 2（匹配项：有或无）×2（箭头线索：有效或无效）重复测量方差分析没有发现任何效应达到统计显著性，$Fs<0.34$。

表 4-3　实验六 C 中各处理条件下注意任务与记忆任务错误率

	注意任务错误率		记忆任务错误率	
	有匹配项	无匹配项	有匹配项	无匹配项
有效线索	0.011	0.014	0.036	0.043
无效线索	0.020	0.018	0.036	0.048

（三）讨论

当中央箭头能够提示目标将要出现的空间位置时，被试会主动转移视觉注意至箭头线索提示的空间位置，从而易化对出现在提示空间位置上的目标的反应。当中央箭头不带有提示信息时（即目标出现在箭头指示空间位置上的可能性只有50%），被试就没有明显的动机去主动转移注意至箭头提示的空间位置。然而，不带有提示信息的箭头线索仍然可能自动引导空间注意。实验六 C 结果显示，即使中央箭头不带有任何提示信息,被试对呈现在箭头指示空间位置上的探测项的反应仍然显著快于对呈现在非箭头提示空间位置上的探测项的反应,尽管这种优势效应比较小(仅仅只有 11 ms)。由于箭头不带有提示信息,被试没有明显动机去主动转移空间注意,因此,就如同众所周知的外缘性线索所引发的自动注意捕获(Jonides,1981),可以认为这种优势效应反映了箭头线索对空间注意的自动引导作用。本实验结果与以往的研究结果一致,说明箭头线索所引发的空间注意转移可能包含主动转移和自动转移这两种成分在内(Eimer,1997;Shepherd,Findlay,& Hockey,1986;Tipples,2002;Pratt & Hommel,2003)。

然而,实验六 C 所得的更为重要的结果是,尽管无提示信息的中央箭头可以自动引导空间注意转移,但是这种外源性注意转移并不能阻止工作记忆内容对视觉注意的自上而下的引导作用。这说明,在实验六 A 和实验六 B 中所观察到的结果,即中央线索阻止了基于工作记忆内容的视觉注意捕获,确实是由于中央线索带有提示信息并且被试根据箭头线索指示而主动转移注意所导致的。因此,中央线索所引发的内源性注意转移是阻止基于工作记忆内容的注意捕获的必要条件。综合本章的三个实验结果,可以得出结论,基于工作记忆内容的视觉注意捕获并不符合强自动化过程的意向标准,因为它能够被被试的主动控制所克服,因此,不能将工作记忆内容对视觉注意的引导作用称之为真正强健的自动化过程。

四、本章小结

根据强自动化过程的意向性标准,本章以客体工作记忆内容对视觉注意的引导作用为例,设计了三个实验以检验基于工作记忆内容的视觉注意捕获的自动性。得出的主要结论如下:

(1)当箭头线索带有提示信息时,被试根据箭头线索进行的内源性注意转移能够成功阻止工作记忆内容对视觉注意的自动引导作用;

(2)当箭头线索不带有提示信息时,箭头线索仍然能够自动引导注意至其所提示的空间位置上,但是这种箭头线索所引发的外源性注意转移并不能阻止基于工作记忆内容的视觉注意捕获;

(3)基于工作记忆内容的视觉注意捕获并不满足强自动化过程的意向性标准,因此,它不能被称作真正的、强健的自动化过程。

第五章 总讨论

前面所报告的实验为揭示基于工作记忆内容的视觉注意捕获及其自动性提供了新证据。实验一 A 和实验一 B 证明了视场中与工作记忆内容完全匹配的物体能够自动捕获视觉注意,尽管这样做会不利于当前注意探测任务的完成,并且这种效应并不是由于自下而上的重复启动所导致的,说明积极保持在视觉工作记忆中的物体表征能够以自上而下的方式引导视觉注意选择视场中与之匹配的知觉表征。实验二证明了这种记忆驱动注意捕获不仅可以建立在客体表征匹配的基础上,而且还可以建立在某个具体特征值匹配的基础之上,即视觉工作记忆内容不仅可以自动引导注意选择视场中与之完全匹配的物体,而且可以自动引导视觉注意选择视场中与之仅部分匹配的物体。实验三 A 和实验三 B 进一步证明了视觉工作记忆中维度信息也可以自动引导注意选择视场中与之相匹配的视觉维度,说明基于工作记忆内容的视觉注意捕获可以多种形式的匹配关系为基础,既可以是某个具体的物理特征(或联合特征)匹配,也可以是比较抽象的维度匹配或语义匹配(Moores,Laiti,& Chelazzi,2003)。实验四和实验五揭示了引导视觉注意捕获的工作记忆表征的编码性质,证明了以言语编码的记忆表征也可以自动引导视觉注意选择视场中与之匹配的具体特征值或特征维度,说明视觉编码的记忆表征并非是基于工作记忆内容的视觉注意捕获产生的必要条件。实验六通过三个系列实验进一步揭示了基于工作记忆内容的视觉注意捕获的自动化性质,证明了基于工作记忆内容的视觉注意捕获并不满足强自动化过程的意向性标准,从而说明基于工作记忆内容的视觉注意捕获不能被称为真正强健的自动化过程。总之,本研究根据 Varakin(2006)提出的四条标准设计任务范式探讨了工作记忆内容对视觉注意的自动引导作用,结果发现,尽管在不同匹配联系的情况下工作记忆内容都能够自动引导视觉注意选择视场中与之相同或相似的物体,但是这种自上而下的注意控制过程并不满足真正强健的自动化过程的意向性标准,这为理解基于工作记忆内容的视觉注意捕获及其自动性提供了重要启示。

一、主动的与自动的注意引导

视觉注意是人类借以选择任务相关信息并抑制无关信息的一种认知机制,而工作记忆是在外界刺激消失后人类借以积极保持任务相关信息并抑制无关干扰的另一种认知机制。因此,可以看出视觉注意与工作记忆在功能上非常相似,两者都是选择性地指向与当前任务有关的物体表征(Olivers, Meijer, & Theeuwes, 2006)。不仅如此,工作记忆与视觉注意所涉及的脑区也具有相当大的重叠(LaBar, Gitelman, Parrish, & Mesulam, 1999),这些都提示工作记忆与视觉注意之间具有非常紧密的联系。近年来,研究者越来越关注工作记忆与视觉注意之间的交互作用,其中,工作记忆内容对视觉注意选择的影响就是一个重要方面。当工作记忆内容与注意任务的目标具有某种匹配关系时,被试会利用工作记忆内容主动引导注意选择视场中与之匹配的物体,因为这样做有利于快速准确地探测并辨别目标,从而可以促进当前注意任务的有效完成。例如,一些经典的视觉搜索模型都认为,在视觉搜索中保持在工作记忆中的目标模板对视觉注意起着自上而下的引导作用,从而使得视场中具有目标特征的刺激优先获得注意偏向(Duncan & Humphreys, 1989; Bundesen, 1990; Wolfe, 1994)。因此,在这种情况下,视野中的物体与保持在工作记忆中的目标模板之间的匹配性决定了其被注意选择的可能性,目标模板会引导注意选择那些与其相似的物体。这种目标导向的注意选择说明保持在工作记忆中的物体表征可以自上而下的方式主动引导视觉注意,它反映了人类对外界环境的积极适应性,体现了人类行为的主观能动性和目的性。

偏向竞争模型揭示了基于工作记忆内容的视觉注意在解决复杂视场中多个刺激竞争注意资源中的重要作用(Desimone & Duncan, 1995; Desimone, 1996, 1998)。该模型认为,在视觉搜索场景中,视场中充满了许多物体。由于注意资源有限,不同物体表征就会以相互抑制的方式竞争注意资源以获得更高水平的加工。那些具有显著(salient)特征的"与众不同"的物体会以自下而上的方式捕获视觉注意,然而这种刺激驱动注意选择一般只在被试没有明确任务目标时才会发生(Ruz & Lupianez, 2002)。此时,工作记忆中处于激活状态的目标模板就会以自上而下的方式增强早期视觉皮层中与目标模板相匹配的物体表征,从而使得视场中与目标模板相同或相似的物体表征取得竞争优势而被视觉注意优先选择。

然而,当工作记忆内容与视觉搜索任务的目标无关时,甚至当与工作记忆内容匹配的物体在视觉搜索场景中是以干扰刺激的身份出现时,工作记忆内容仍然会引导注意优先选择视场中与之匹配的物体吗?如果答案是肯定的话,那么就说明工作记忆内容可以相对自动化的方式影响视觉选择。然而,如笔者在前言中所述,对于工作记忆内容是否能够以自动化的方式引导视觉注意这个问题目前学者还存在争论。此外,Varakin(2006)从理论上分析了"工作记忆内容是否应该自动引导注意选择"这个问题。Varakin 指出,鉴于选择性注意的一个重要功能是选择一定信息以进一步加工并进入工作记忆中(Schmidt, Vogel, Woodman, & Luck, 2002),如果工作记忆内容可以自动引导视觉注意的话,那么将会出现这样的循环过程:注意选择某个物体表征(知觉表征),该物体表征转换并进入工作记忆中(记忆表征),然后保存在工作记忆中的物体表征又自动引导注意选择该物体。如此循环以至无始无终,显然这是不合理的,因为这样的循环过程会使得个体无法继续获得新信息,而个体为了适应环境必须注意那些不太熟悉的新刺激(Johnston & Hawley, 1994)。因此,从理论上来说,即使工作记忆内容可以自动引导注意,它所适用的范围也应该是极其有限的,工作记忆内容不可能在所有的情况下都会自动引导注意选择与之相同或类似的物体。

对于 Varakin(2006)的上述理论分析,笔者表示部分地赞同。笔者同意基于工作记忆内容的视觉注意捕获存在边界制约,工作记忆内容对注意选择的影响是可以被某些因素所调节的(具体因素请看后面的讨论)。但笔者认为不能用上述循环过程来作为反驳工作记忆内容能够自动引导视觉注意的理论依据,因为并不是所有被注意选择的物体表征都会进入工作记忆中,这取决于个体是否有记忆的要求,我们在很多时候是不会去刻意记忆当前我们正在注意的信息的。如果我们不想记住某个物体的话,即使我们看到它也不会将它保存在工作记忆中。尽管我们能够回忆出某些我们之前并没有刻意去记忆的信息,但这些信息并不是"实时存储"或"积极保持"在工作记忆中,而是存储在长时记忆中。需要明确的是,这里所探讨的是工作记忆中当前正处于积极保持(active maintenance)状态的信息对选择性注意的引导作用,这样,即使工作记忆内容能够自动引导注意也不会阻碍我们获得外界环境中的新信息,因为我们并非时刻都有信息积极保持在工作记忆之中,通俗点说,我们很多时候是"头脑一片空白",我们完全可以在这个时候学习新知识。因此,即使从理论上来分析,我们也找不到工作记忆内容不应该自动引导注意的理由。

本研究根据 Varakin(2006)提出的四条标准设计了一系列实验进一步检验了工作记忆内容是否能够自动引导视觉注意,结果发现,即使明确告知被试注意记忆匹配项将会不利于完成探测区分任务,记忆匹配项仍然优先获得了注意偏向,并且这种效应可以建立在多种形式的表征匹配关系基础之上,既可以基于具体的客体或特征值匹配进行,也可以基于抽象的特征维度匹配进行,而不管工作记忆表征是语音编码还是视觉编码。这些结果与以往的相关研究结果是一致的,并且又进一步拓展了以往研究(Soto & Humphreys, 2007;Soto, Heinke, Humphreys, &

Blanco,2005；Soto，Humphreys，& Heinke，2006a；Olivers，Meijer，& Theeuwes，2006），从而为工作记忆内容能够自动引导视觉注意提供了更多的、强有力的证据支持。工作记忆能够自动引导视觉注意这个事实说明工作记忆与视觉注意之间具有紧密的联系，当我们将某个物体表征积极保持在工作记忆当中时，我们就会自动形成相应的注意定势（attentional set）以准备在外界环境中搜索并选择该物体。我认为这是人类在自然进化过程中所形成的一种对环境的积极适应性，最初人类只对工作记忆中的目标模板形成相应的注意定势，以主动搜索视场中是否存在该目标，由于当前工作记忆内容通常具有重要意义，慢慢地人类大脑就逐渐形成一种自上而下的注意控制机制，只要当前工作记忆中保持某个物体表征，即使该物体表征与当前任务没有直接的关系，也会自动形成有关该物体的注意定势，然后来自工作记忆表征的控制信号就会自动增强视觉皮层中相应的知觉表征，从而使得该知觉表征被优先选择。这种基于工作记忆内容的视觉注意捕获对于个体适应外界环境具有重要意义，例如它可以帮助个体巩固当前工作记忆中的信息表征，更有效地发现与当前任务有关的目标物体，等等。当然，当工作记忆中的信息表征并不是当前任务的目标而是其他干扰刺激时，这种自上而下的注意控制也会导致一些麻烦，因为它会引导注意选择那些并非我们想要的信息。不过，好在基于工作记忆内容的视觉注意捕获存在边界制约，正如我在下面将要论述的，在某些条件下工作记忆中的无关表征不会自动形成相应的注意定势，即工作记忆中的无关信息表征对视觉选择的影响可以被某些因素所调节或抑制，这样我们就可以尽量减少来自无关记忆表征对当前注意任务的干扰了。

二、具体的与抽象的匹配

早期研究大多考察的是视场中与工作记忆内容完全匹配的物体是否能够自动捕获注意，记忆匹配项被定义为视场中与工作记忆中的视觉表征在各个特征上都完全相同的物体，即基于客体表征的匹配。例如，绪论中所介绍的 Farah 关于想象与知觉之间的关系研究（Farah，1985，1989）以及 Downing（2000）利用人脸和绘制的几何图形作为实验材料的研究。另一个比较著名的早期研究是由 Pashler & Shui（1999）所开展的，他们考察的也是具体的客体匹配在自上而下的注意引导中的作用。研究者要求被试根据指导语首先形成关于某个物体的心理表象（如老虎），然后在中央注视点位置上先后快速呈现一系列刺激，这些刺激中包括一个目标数字和其他非数字图形，并且其中一个图形会与心理表象相匹配（绘制的老虎）。结果显示，当匹配项出现在目标数字前面的时候，对目标数字的觉察反应受到损害,即出现典型的注意瞬脱(attention blink)效应,这说明即使没有明确要求被试去搜索与心理表象匹配的物体,匹配项也会自动捕获视觉注意,从而影响了对接下来呈现的目标数字的觉察。

与已有研究结果一致,本研究也证明了基于客体表征的匹配在自上而下的注意引导中的作用,实验一结果显示,即使与记忆项完全匹配的物体仅仅在一半的试验中出现,并且探测目标永远都不会落在匹配项所在的空间位置上,匹配项仍然优先获得了注意偏向。在此基础上,本研究又进一步考察了外界刺激与工作记忆内容不是完全匹配,而只是在某个具体特征值上匹配时,工作记忆内容对注意选择的影响,即此时记忆匹配项被定义为视场中与工作记忆内容仅在某个具体特征值上相同的物体。实验二结果显示,视场中与工作记忆内容具有相同颜色但形状不同的物体能够自动获得注意偏向,但与工作记忆内容具有相同形状但颜色不同的物体却不能够捕获注意,这说明基于客体表征的匹配并不是自上而下注意引导的必要条件,基于某个特征值的匹配也可以引导视觉注意,但是,工作记忆中的颜色和形状信息在引导视觉注意的效率上存在差异。这与 Soto 等人采用视觉搜索任务测量注意分配的研究结果是一致的(Soto, Heinke, Humphreys, & Blanco, 2005; Soto, Humphreys, & Heinke, 2006a)。这些结果说明基于工作记忆内容的视觉注意捕获能够适用更为广阔的范围,因为在现实生活中,基于客体表征的完全匹配是非常少见的,很多情况下工作记忆内容与外界刺激之间可能仅仅是在某个特征值上部分匹配。

然而,无论匹配关系是基于整个客体还是基于某个特征值,它们都是建立在具体的视觉表征的匹配基础之上。那么接下来的一个重要问题是,工作记忆内容对视觉注意的引导作用除了可以基于这种具体的匹配上进行,它是否也能够基于比较抽象的匹配进行呢? 答案是肯定的。本研究首次证明了工作记忆内容对视觉选择的影响不仅可以基于具体的客体或特征值匹配进行,也可以基于抽象的特征维度匹配进行(实验三和实验五)。当工作记忆中正在保持的信息(如红色)属于某个特征维度(颜色)时,视觉注意就会自动选择外界物体的相对应的视觉维度(即优先选择物体的颜色维度而非其他维度),尽管这些物体并不具有与工作记忆表征相同的具体特征值(红色)。按照绪论中所介绍的维度权重理论(dimension-weighting account; Müller, Heller, & Ziegler, 1995; Found & Müller, 1996),本研究所发现的基于工作记忆中特征维度的视觉注意捕获说明了视觉系统会对当前工作记忆中所积极保持的特征维度赋予更多的注意权重(attentionl weight),从而使得该特征维度被优先选择,即基于特征维度的视觉选择可以受到工作记忆自上而下的调节。类似地,Müller, Krummenacher, & Heller(2004)研究发现维度权重能够被自上而下的过程所调节,他们采用经典的单特征目标(singleton feature targets)视觉搜索范式,目标特征在试验(trials)间随机变化。该任务范式的典型结果是:与目标定义维度(target-defining dimension,即目标在该维度上具有不同于其他干扰刺激的特征值)在试验间不断变化的情况相比,目标定义维度在不同试验间保持相同时的搜索反应时明显加快,即出现维度启动效应(dimensional priming effect;Found & Müller,1996)。Müller 等人(2004)研究结果显示,当明确要求被试每次试验中在搜索任务完成后记住该试验的目标定义维度以完成接下来的一个记忆测验时,维度启动效应显著增加,表明对目标定义维度的外显记忆会增加对该维度的注意权重,从而导致在视觉搜索中该维度优先获得注意偏向。然而,在 Müller 等人的研究中由于目标定义维度在不同试验间随机变化,被试在每次试验开始前并不知道目标定义维度是什么,从而导致实验结果可能更多地反映了试验间的维度转换代价(cost of dimensional switching)。而在本研究中被试被明确告知每次试验的记忆维度和注意维度,并且在注意测试开始之前被试有充足的时间以提前准备注意维度,从而最大限度地降低了维度转换对实验结果的影响。但是,尽管如此,被试仍然不能够忽视当前工作记忆中的特征维度,表现为注意维度与记忆维度不同情况下的注意判断反应时明显慢于两者相同情况下的反应时,这表明工作记忆中积极保持的特征维度对视觉注意的引导作用具有很强的自动性。

本研究结果说明特征维度可能比以往所认为的更难被忽视。Müller,Reimann,& Krummenacher(2003)采用经典的单特征目标视觉搜索任务范式,但是,与他们之前的研究不同的是,在每次试验开始前用单词线索提示被试该试验中的目标定义维度。结果显示,线索提示减少了维度转换代价,说明之前记忆的特征维度对视觉选择的影响可以被自上而下的期待(expectancy)所调节。然而,在本研究中即使被试明确知道每次试验中的注意维度和记忆维度,并且他们有足够的时间提前准备注意相关维度,但是尽管如此,当注意任务的无关维度和当前工作记忆中的特征维度一致时,被试仍然明显受到无关维度的干扰,说明被试很难忽视当前工作记忆中的特征维度。此外,实验三 B 结果显示,即使在执行注意任务的时候没有记忆要求,之前记忆过的特征维度仍然能够影响注意选择,尽管相对于积极保持在工作记忆中的特征维度来说,内隐记忆维度对视觉选择的影响已大大降低。这表明只要特征维度被加工过,不管它当前是否仍然保持在工作记忆中,特征维度都会影响视觉选择而很难被忽视。这一点是与具体特征值不同的,具体特征值是很容易被忽视的,因为具体特征值只有被积极保持在工作记忆中时才会影响视觉注意,当没有记忆要求时具体特征值并不会影响视觉注意选择(实验一 B;又见 Downing,2000;Soto,Heinke,Humphreys,& Blanco,2005;Soto,Humphreys,& Heinke,2006a)。因此,一旦得到知觉加工,抽象的特征维度将比具体的特征值更难以被忽视。

工作记忆内容对视觉注意的自动引导作用除了可以基于高度抽象的维度匹配

进行以外,它也可以基于抽象的概念匹配或语义匹配进行。实验四与实验五结果显示,即使当工作记忆内容与外界的视觉刺激之间在视觉特征并不匹配,视觉注意也会自动选择视场中与当前工作记忆内容在概念或语义上匹配的物体,即视场中与中文单词所描述的特征值或特征维度匹配的视觉特征自动获得了注意偏向,说明言语刺激与视觉刺激之间的概念联系在基于工作记忆内容的视觉注意捕获中起到了重要作用(Soto & Humphreys,2007;Moores,Laiti,& Chelazzi,2003)。此外,Huang & Pashler(2007)还证明了言语工作记忆内容也能够自动引导视觉注意选择视场中与之有语义联系的言语刺激。在他们的实验二中,每次试验开始时呈现一个英文单词(如"atom")要求被试将之保持在工作记忆中直到该次试验结束,然后在屏幕上同时呈现三个单词,其中一个单词与记忆项具有语义联系(如"molecule")而另外两个单词与记忆项没有任何联系。与此同时,三个数字会同时分别呈现在这三个单词上面,被试被明确告知这三个单词与当前任务无关,他们只需要从三个数字中任选一个数字记住就可以了。实验结果显示,在接下来的数字记忆测验中,被试更倾向于报告那些呈现在与记忆项有语义联系的单词上的数字,说明视场中与言语工作记忆内容有着语义联系的言语刺激自动获得了注意偏向。类似地,Moores & Maxwell(2008)要求被试完成 Downing(2000)的任务,但是他们在实验三中只要求被试在每次试验开始时记住所呈现的视觉物体的个数(如三个苹果)而非视觉物体本身。结果发现,当闪现项中有一个阿拉伯数字(如"3")与记忆项的个数一致时,该数字更容易优先捕获视觉注意,从而导致对接下来落在该数字所在空间位置上的探测目标的反应加快。基于抽象语义联系的自上而下的视觉注意捕获的内在机制可从以下两方面来进行解释:(1)当我们将某信息保持在工作记忆中时,长时记忆中与该信息有着语义联系的其他信息表征就会自动受到相当程度的激活(Moores,Laiti,& Chelazzi,2003),这些被激活的表征将以自上而下的方式影响视觉注意,从而使得视场中与当前工作记忆内容有语义联系的物体更容易优先获得注意偏向;(2)我们能够对外界的视觉场景在高度抽象的语义水平上进行快速加工(Potter,1975),从而自动获得视场中各种刺激的语义信息并建立其与当前工作记忆内容之间的语义联系,然后该语义联系以自上而下的方式影响视觉注意。

三、强健的与有条件的自动化过程

正如我在前面的绪论中所说,强健的自动化过程(strongly automatic processes)必须满足意向性标准(intentionality criterion;Schneider & Shiffrin,1977;Schneider &

Fisk,1982;Yantis & Jonides,1990)。根据意向性标准,真正强健的自动化过程应不会受到被试主观控制(voluntary control)的影响,任何试图阻止自动化过程发生的主观努力都是无效的。实验六检验了基于工作记忆内容的视觉注意捕获是否满足意向性标准,结果发现,当箭头线索能够可靠地指示接下来的目标所呈现的空间位置时,箭头线索所引发的内源性注意转移能够成功阻止基于工作记忆内容的视觉注意捕获(实验六 A 和实验六 B),而当箭头线索不带有任何提示信息时,箭头线索所引发的外源性注意转移并不能成功阻止记忆匹配项对视觉注意的自动捕获(实验六 C)。这些结果说明,基于工作记忆内容的视觉注意捕获并不严格符合强自动化过程的意向性标准,从而可以认为工作记忆内容对视觉注意的自上而下的引导过程并不是真正强健的自动化过程。

因此,本研究通过引入意向性标准首次直接检验了基于工作记忆内容的视觉注意捕获的自动性,第一次得出明确结论认为工作记忆内容引导视觉注意的过程并不是强健的自动化过程。同时,实验六结果还表明基于工作记忆内容的视觉注意捕获能够受到被试的注意准备状态(state of attentional readiness)的调节,当视觉注意高度集中在某个空间区域上时,即被试处在集中注意状态(focused attention state)时,处在其他空间位置上的记忆匹配项不能够获得注意偏向(实验六 A 和实验六 B),而当被试处在分散注意状态(diffuse attention state)时,记忆匹配项却能够自动捕获注意(实验六 C)。通过对已有文献的分析,我发现在所有支持工作记忆内容可以自动引导视觉注意的研究中被试都处于分散注意状态(Downing,2000;Moores,Laiti,& Chelazzi,2003;Moores & Maxwell,2008;Soto,Heinke,Humphreys,& Blanco,2005;Soto,Humphreys,& Heinke,2006a;Soto & Humphreys,2007;Olivers,Meijer,& Theeuwes,2006;Huang & Pashler,2007),因为在这些研究中在视觉搜索刺激呈现之前并没有空间线索提示被试接下来的目标可能会出现在哪里。因此,作为干扰刺激的记忆匹配项能够捕获视觉注意的一个必要条件(但非充分条件)是被试在视觉搜索刺激呈现之前或之时要处于分散注意状态。如果视觉注意提前集中在某个特定空间区域(当然不是匹配项所在的空间)的话,工作记忆内容对视觉注意的自动引导作用将被阻止,这说明基于工作记忆内容的视觉注意捕获存在边界制约(boundary constraints),它能够受到某些因素的调节和控制。从这个角度上来说,将基于工作记忆内容的视觉注意捕获称之为一个有条件的自动化过程(a conditionally automatic process)可能更为恰当,因为尽管记忆匹配项由于受到工作记忆内容自上而下的控制而通常具有很高的注意优先权,但它并不是总能够优先捕获视觉注意,在某些条件下工作记忆内容对视觉选择的引导作用将受到其他因素的调节而降低甚至消失。除了被试的注意准备状态以及绪论中所介绍的目标模板和搜索策略(Oh & Kim,2003;Downing & Dodds,2004;Houtkamp

& Roelfsema,2006；Varakin,2006；Woodman & Luck,2007)可能会对基于工作记忆内容的视觉注意捕获产生调节作用之外,已有研究还发现下列因素也会影响工作记忆内容对注意选择的自动引导作用:(1)发音抑制(articulatory suppression),即在实验过程中要求被试不断出声朗读单词或数字,它一般被用来阻止被试对视觉刺激进行言语编码。Soto & Humphreys(2008)采用他们典型的任务范式研究发现,当实验过程中要求被试同时执行一个发音抑制任务时,工作记忆内容对视觉注意的自动引导作用被大大降低,尤其是当被试需要将两个物体同时保持在工作记忆当中的时候更是如此。Soto & Humphreys(2008)认为发音抑制对基于工作记忆内容的视觉注意捕获的影响可能有两方面原因:一方面,由于发音抑制程序会干扰工作记忆对记忆项的积极保持(Allen,Baddeley,& Hitch,2006),从而弱化了工作记忆表征的强健性,继而降低了工作记忆表征对视觉注意的引导作用;另一方面,由于工作记忆内容引导视觉注意需要一定的心理资源作为基础,而这种资源可能会被发音抑制活动所消耗,从而导致工作记忆内容丧失对视觉选择产生自上而下的控制作用。发音抑制可能是 Downing & Dodds(2004)和 Woodman & Luck(2007)没有发现基于工作记忆内容的视觉注意捕获的原因之一,因为在他们的研究中使用了发音抑制程序。(2)认知负载(cognitive load)。为了抑制那些与当前任务目标无关的低优先权刺激对行为的影响,人类需要利用一些高级认知功能(如工作记忆)来积极保持当前任务目标的高优先权以保证行为处于当前任务目标的控制之下。按照选择性注意的负载理论(Lavie,Hirst,de Fockert,& Viding,2004),高级认知功能负载过高(如高工作记忆负载)会消耗掉用以进行认知控制的心理资源,从而导致积极的认知控制功能受损,表现为在高认知负载条件下干扰刺激由于得不到更好的抑制而获得更多的加工。鉴于此,Belke,Humphreys,Watson,Meyer,& Telling(2008)假设相对于低认知负载条件,在高认知负载条件下视场中与工作记忆内容匹配的无关刺激更容易干扰视觉搜索。他们采用 Moores 等(2003)任务范式考察了认知负载对基于语义联系的视觉注意捕获的影响,实验结果证实了他们的假设,与没有认知负载条件(无语音记忆负载)相比,在有认知负载条件下(有语音记忆负载)视觉搜索反应时明显变慢,说明作为干扰刺激的记忆匹配项对视觉选择的影响受到认知负载的调节。眼动数据进一步揭示,认知负载延迟了被试对作为干扰刺激的记忆匹配项的拒绝反应,表现为在有认知负载条件下被试注视点停留在记忆匹配项上的时间明显增加,说明认知负载过高导致认知控制功能下降从而使得被试很难判断记忆匹配项不是搜索目标并拒绝之。类似地,Soto,Humphreys,& Heinke(2006b)研究发现,与健康被试相比,额叶(frontal cortex)损伤患者的搜索绩效受到记忆匹配项更大的影响。由于额叶损伤会导致认知控制功能下降(Stuss,Floden,Alexander,Levine,& Katz,2001),

Soto 等人(2006b)认为上述结果反映了额叶在分离工作记忆中的目标模板和无关表征中起着重要作用,额叶损伤患者由于不能很好地分离搜索目标和无关记忆表征,从而导致其搜索绩效受到无关记忆表征更大的影响。眼动数据进一步显示,尽管记忆匹配项影响了被试朝向目标的第一次眼跳次数与时间,但是这种效应在健康被试与额叶损伤患者之间并没有差异,说明额叶损伤影响的是后期反应选择阶段而不是早期知觉选择阶段。因此,认知控制功能对基于工作记忆内容的视觉注意捕获的影响发生的比较晚,在早期视觉阶段认知控制并不能影响基于工作记忆内容的视觉注意捕获。与这种观点一致,Han & Kim(2007)研究发现,当记忆项与视觉搜索刺激之间的时间间隔(ISI)比较短时,工作记忆内容对视觉搜索的绩效产生了显著影响;而当这个时间间隔足够长从而让被试在视觉搜索任务呈现前有充足的时间执行认知控制功能以分离目标模板和无关记忆表征时,工作记忆中的无关表征对视觉搜索的影响消失了。这些结果说明认知控制功能的执行需要一定的时间,认知控制只能影响视觉选择的后期阶段。(3)知觉负载(perceptual load)。按照选择性注意的负载理论,当加工任务相关刺激的知觉负载足够高以至耗尽注意资源时,视场中的其他干扰刺激就会由于得不到足够的注意资源而不被选择(Lavie,Hirst,de Fockert,& Viding,2004)。因此,可以推论,在高知觉负载条件下作为干扰刺激的记忆匹配项就会由于得不到足够的注意资源而不能被视觉选择。这个推论得到了 Han & Kim(2007)的支持,他们通过增加搜索目标与干扰刺激之间的相似性来提高知觉负载的水平,结果显示,在低知觉负载条件下作为干扰刺激的记忆匹配项(与记忆项具有相同的颜色)能够自动获得注意偏向,但是在高知觉负载条件下这种基于工作记忆内容的视觉注意捕获消失了。然而,Belke 等人(2008)却发现知觉负载并不影响视场中与工作记忆内容有着语义联系的干扰刺激捕获视觉注意。这两个研究结果的差异提示,知觉负载对基于工作记忆内容的视觉注意捕获的影响可能只局限于基于具体特征值匹配的视觉注意捕获,而基于抽象语义匹配的视觉注意捕获并不受知觉负载的影响。今后的研究需要进一步考察知觉负载对自上而下注意引导的调节作用。

四、工作记忆、注意与意识

与工作记忆和注意类似,意识(awareness)也具有选择性,例如,我们并不能觉察(aware)到眼前所有的事物及其变化,在某一时刻某个事物被觉察到也就同时意味着其他很多事物没有被觉察到,无意视盲(inattentional blindness)和变化盲(change blindness)就是最能反映意识经验具有选择性的两个典型现象(Lamme,

2003)。无意视盲指在被试集中注意力做某个任务期间会有无关刺激突然呈现,当事后问被试是否看到之前突然呈现的刺激时,他们通常不能正确报告出来(Simons,2000)。而变化盲是指当被试正在看一幅视觉场景时突然将场景掩蔽并使之发生一定的变化(如变化场景中某个物体的颜色或直接移去该物体),在掩蔽撤销后被试通常并不能觉察到前后场景已发生了变化(Simons & Levin,1997)。无意视盲和变化盲说明,尽管我们认为我们看到了眼前所呈现的每个物体,但实际上我们对外界环境的意识表征是非常有限的,在某个时刻我们只能觉察到极少数物体(O'Regan & Noe,2001)。意识的选择性提示它和工作记忆与注意之间具有紧密的联系,诚然,在诸如意识剧院和全局工作空间理论等经典意识模型中工作记忆、注意和意识三者之间的相互关系得到了明确肯定(Baars,1998,2002)。对工作记忆、注意和意识之间的交互关系进行广泛且深入的探讨显然超出了本书的范围,因此,我在这里仅打算从一个很小但也很重要的方面来探讨三者之间的联系,即基于工作记忆内容的视觉注意捕获对意识觉知的促进作用。

本研究证明了工作记忆内容可以自上而下的方式影响视觉注意,视场中与当前工作记忆内容匹配的干扰刺激能够以相对自动化的方式优先捕获注意。然而,虽然作为干扰刺激的记忆匹配项能够捕获注意(capture of attention),但这并意味着被试觉察到了它们,即匹配项可能并没有捕获意识(capture of awareness)。因为在本研究中被试被明确告知记忆匹配项出现的位置永远和接下来的目标呈现的位置相反,如果被试能够觉察到匹配项的话,他们应该能够主动将注意转移至与记忆匹配项相反的空间位置以便更好地探测目标,这样的话有匹配项存在的试验的探测反应时应该快于无匹配项存在的探测反应时。然而,实际情况刚好相反,本研究结果显示有匹配项存在的试验中被试探测目标的反应时显著变慢。由于内源性注意产生的必要前提是被试能够觉察到内源性线索的存在并理解其含义(McCormick,1997),本研究结果说明,记忆匹配项虽然自动获得了注意偏向,但却没有得到意识加工,故被试不能够利用记忆匹配项作为内源性线索来主动转移视觉注意到目标可能会出现的空间位置。

因此,注意捕获与意识捕获是可以分离的两个认知过程,视觉场景中的刺激若要获得意识加工,必须首先要捕获注意,但是物体捕获了视觉注意之后并不一定能够达到意识觉知水平。因此,可以说注意捕获是意识捕获的必要但非充分条件。然而,在某些情况下,对视场中与当前任务无关的干扰刺激进行意识觉知具有重要的现实意义。例如,当你开车行驶在街道上时,突然一个小孩出现在你的车前,这时你必须能够觉察到小孩的出现并马上刹车,否则,如果小孩的出现仅仅是内隐地捕获了你的注意但却没有引起你外显的意识,你可能仅有准备刹车的反应倾向但却没有及时进行实际的刹车行为,从而导致一场悲剧的发生。鉴于意识捕获对于现实中避免一些意外事故(如交通事故)具有重要意义,探讨注意捕获如何转换为意识捕获就显得非常重要。Most,Scholl,Clifford,& Simons(2005)认为,由于注意捕获过程通常是自动的、短暂的(通常采用反应时和眼动记录等进行内隐测量),而意识捕获需要主动的、持续的注意加工(通常采用口头报告等形式进行外显测量),因此视场中的干扰刺激在自动捕获注意之后能否持续获得注意加工是其能否捕获意识的前提,而注意定势(attentional set)决定了刺激在短暂捕获注意后能否获得持续的注意加工从而达到意识觉知水平。也就是说,注意定势是内隐的注意捕获能够继而转换为外显的意识捕获的决定因素。当一个人正在搜索某个特定的目标时,如果视场中一个刺激自动捕获了注意,该刺激与搜索目标的匹配关系决定了该刺激是否能够继续获得注意加工并被意识觉知。若捕获注意的刺激与搜索目标匹配,那么它就能继续获得注意加工,并最终得到意识觉知,否则该刺激在短暂捕获视觉注意之后就会失去更高水平的意识加工。由于搜索目标的模板是积极保存在当前工作记忆中的,因此基于工作记忆内容的视觉注意捕获能够促进视场中具有目标特征的记忆匹配项的意识觉知。需要强调的是,这里的工作记忆内容是指目标模板,记忆匹配项被定义为视野中与搜索目标相同或相似的物体。然而,视场中与工作记忆中无关表征相匹配的物体很难在捕获注意后继续获得注意加工和意识觉知,因为它与目标模板或注意定势不匹配。

Soto & Humphreys(2006)为基于工作记忆内容的视觉注意捕获对意识觉知的促进作用提供了最为直接的证据。他们的被试是有视觉消失(visual extinction)的顶叶(parietal lobe)损伤患者。这类患者能够觉察到单独呈现在受损大脑对侧视野中的物体,但是,当在受损大脑同侧的视野中同时也呈现有刺激时,患者就觉察不到呈现在受损大脑对侧视野中的物体了,好像同侧视野中的刺激消除了患者对呈现在对侧视野中刺激的反应。Soto & Humphreys(2006)在每次试验的开始给被试呈现一个彩色几何图形并要求被试将之保持在工作记忆中,然后再呈现一个或两个目标,要求被试报告目标的颜色和形状。在 57.14% 的试验中其中一个目标和记忆项完全匹配。实验结果发现,当目标与记忆项不匹配时被试表现出典型的视觉消失现象(尤其是在有两个目标的试验中),但是当呈现在受损大脑对侧视野中的目标与工作记忆内容匹配时视觉消失症状明显减轻,说明基于工作记忆内容的视觉注意捕获增强了被试对呈现在受损大脑对侧视野中与记忆项匹配的目标的意识觉知。在这个研究中,尽管没有明确告诉被试记忆项就是搜索目标,但是由于大部分试验中一个目标会与记忆项完全相同,因此被试会在目标没有呈现之前主动形成一个搜索记忆匹配项的注意定势,从而使得该研究结果与 Most 等人(2005)观点是一致的。工作记忆内容不仅能够增强对视场中与之在具体视觉特征值上匹配的物体的意识觉知,也能够促进对视场中与之具有语义联系的物体的意识觉知。Koivisto & Revonsuo(2007)采用无意视盲范式研究发现，当偶然呈现的无关刺激与搜索目标具有语义联系但两者在物理特征上并不相同时，它们能够更容易获得意识觉知而逃脱无意视盲，说明基于语义联系的自上而下的注意捕获能够促进对无关刺激的意识加工。

第六章 结 语

一、主要结论

本研究根据 Varakin(2006)提出的四条标准设计了一系列实验深入考察了基于工作记忆内容的视觉注意捕获及其自动性,获得的主要结论如下:

(1)视觉工作记忆内容可以自动引导注意选择视场中与之匹配的物体,并且这种自上而下的注意引导效应可以建立在多种形式的匹配关系基础之上,既可以是基于具体客体表征或特征值的匹配(实验一和实验二),也可以基于抽象维度的匹配(实验三)。

(2)言语工作记忆内容可以自动引导注意选择视场中与之匹配的视觉特征(实验四和实验五),说明工作记忆中语音表征也可以捕获视觉注意,视觉匹配联系并不是基于工作记忆内容的注意捕获的必要条件,工作记忆内容对注意的自动引导作用可以基于比较抽象的概念或语义联系进行。

(3)基于工作记忆内容的视觉注意捕获并不严格满足强自动化过程的意向性标准(实验六),说明工作记忆内容对视觉注意自上而下的引导过程不是一个真正强健的自动化过程,分散注意状态是作为干扰刺激的记忆匹配项捕获视觉注意的必要但非充分条件。

二、创新贡献

工作记忆内容对视觉注意的引导作用是目前认知心理学的一个热点研究领域(最新综述见 Soto,Hodsoll,Rotshtein,& Humphreys,2008),与以往研究相比,本研究的创新性贡献主要表现为:

(1)本研究改进了以往研究的任务范式,实验设计的特点使得被试没有明显动机去主动注意记忆匹配项,从而有效避免了主观策略对实验结果的影响,为工作记忆内容可以相对自动化的方式引导视觉注意提供了更强有力的证据支持。

(2)本研究首次提出并证明了基于工作记忆中特征维度的视觉注意捕获,从而进一步扩展了基于工作记忆内容的视觉注意捕获所适用的范围,说明工作记忆内容对视觉注意的自动引导作用可以基于多种形式的匹配关系进行,既可以基于具体的特征值匹配,也可以基于抽象的特征维度匹配。

(3)本研究考察了言语工作记忆内容对视觉注意的自动引导作用,并且首次考察了言语工作记忆中的特征维度信息对视觉选择的影响,从而进一步丰富了有关基于言语工作记忆内容的视觉注意捕获的研究,深化了对言语记忆与视觉注意之间的交互关系的认识。

(4)本研究首次引入意向性标准以直接考察基于工作记忆内容的视觉注意捕获的自动性,证明了基于工作记忆内容的视觉注意捕获并不满足强自动性的意向性标准,提出了被试的注意准备状态能够调节基于工作记忆内容的视觉注意捕获,基于工作记忆内容的视觉注意捕获是一个有条件的自动化过程,从而为解决工作记忆内容是否能够自动引导注意这个理论争论提供了一个重要视角。

三、未来研究

(1)本研究仅探讨了工作记忆内容对视觉注意选择的引导作用,未来研究还可以继续考察工作记忆内容对听觉和触觉等其他感觉通道的注意选择的影响,以研究工作记忆内容对不同感觉通道的注意选择的引导作用。

(2)本研究仅证明了基于工作记忆中具体视觉特征值的注意捕获并不满足强自动性的意向性标准,然而,当这种自上而下的注意选择基于抽象语义联系时它是否也不满足意向性标准呢?因此,未来研究可以进一步检验基于工作记忆中抽象语义的视觉注意捕获是否满足意向性标准。

(3)本研究仅考察了工作记忆内容对内隐的视觉注意捕获的影响,未来研究应该重点考察工作记忆内容对外显的视觉意识捕获的影响,尤其是在现实情景中研究工作记忆内容对诸如无意视盲和变化盲等意识缺失现象的改善作用,从而将工作记忆内容对注意选择的引导作用应用于社会生产和生活之中。

参考文献

[1] Abrams, R. A., & Law, M. B. (2000). Object-based visual attention with endogenous orienting. Perception & Psychophysics, 62, 818-833.

[2] Allen, R. J., Baddeley, A. D., & Hitch, G. J. (2006). Is the binding of visual features in working memory resource-demanding? Journal of Experimental Psychology: General, 135, 298-313.

[3] Allport, D. A. (1971). Parallel encoding within and between elementary stimulus dimensions. Perception & Psychophysics, 10, 104-108.

[4] Arnott, S. R., Pratt, J., Shore, D., & Alain, C. (2001). Attentional set modulates visual areas: An event-related potential study of attentional capture. Cognitive Brain Research, 12, 383-395.

[5] Awh, E., Anllo-Vento L., & Hillyard, S. A. (2000). The role of spatial selective attention in working memory for locations: evidence from event-related potentials. Journal of Cognitive Neuroscience, 12, 840-847.

[6] Awh, E., Dhaliwal, H., Christensen, S., & Matsukura, M. (2001). Evidence for two components of object-based selection. Psychological Science, 12, 329-334.

[7] Awh, E., Jonides, J., Smith, E. E., Buxton, R. B., Frank, L. R., Love, T., Wong, E. C., & Gmeindl, L. (1999). Rehearsal in spatial working memory: Evidence from neuroimaging. Psychological Science, 10, 443-437.

[8] Awh, E., Jonides, J., & Reuter-Lorenz, P. A. (1998). Rehearsal in spatial working memory. Journal of Experimental Psychology: Human Perception and Performance, 24, 780-790.

[9] Atkins, W, B., & Baddeley, A. D. (1998). Working memory and distributed vocabulary learning. Applied Psycholinguistics, 19, 537-552.

[10] Atkinson, R. C., & Shiffrin, R. M. (1968). Human memory: A proposed system and its control processes. In K. W. Spence(Ed.), The psychology of learning and motivation: Advances in research and theory(pp. 89-195). New

York: Academic Press.

[11] Baars, B. J. (1998). Metaphors of consciousness and attention in the brain. Trends in Neurosciences, 21, 58-62.

[12] Baars, B. J. (2002). The conscious access hypothesis: Origins and recent evidence. Trends in Cognitive Sciences, 6, 47-52.

[13] Bacon, W. F., & Egeth, H. E. (1994). Overriding stimulus-driven attentional capture. Perception & Psychophysics, 55, 485-496.

[14] Baddeley, A., D. (1986). Working memory. Oxford: Oxford University Press.

[15] Baddeley, A., D. (1996). Exploring the central executive. Quarterly Journal of Experimental Psychology, 49A, 5-28.

[16] Baddeley, A., D. (2000). The episodic buffer: A new component of working memory? Trends in Cognitive Sciences, 4, 417-423.

[17] Baddeley, A., D. (2001). Comment on Cowan: The magic number and the episodic buffer. Behavioral and Brain Sciences, 24, 117-118.

[18] Baddeley, A., D. (2002). Is working memory still working? European Psychologist, 7, 85-97.

[19] Baddeley, A., D. (2003). Working memory: Looking back and looking forward. Nature Reviews Neuroscience, 4, 829-839.

[20] Baddeley, A., D., & Gathercole, S. E., & Papagno, C. (1998). The phonological loop as a language learning device. Psychological Review, 105, 158-173.

[21] Baddeley, A. D., & Hitch, G. J. (1974). Working memory. In G. A. Bower (Ed.), Recent advances in learning and motivation (Vol. 8, pp. 47-90). New York: Academic Press.

[22] Baddeley, A. D., Lewis, V. J., & Vallar, G. (1984). Exploring the articulatory loop. Quarterly Journal of Experimental Psychology, 36, 233-252.

[23] Baddeley, A. D., & Lieberman, K. (1980). Spatial working memory. In R. Nickerson (Ed.), Attention and performance VIII (pp. 521-539). Hillsdale, NJ: Erlbaum.

[24] Baddeley, A. D., Thomson, N., & Buchanan, M. (1975). Word length and the structure of short-term memory. Journal of Verbal Learning and Verbal Behavior, 14, 575-589.

[25] Baylis, G. C., & Driver, J. S. (1993). Visual attention and objects: Evidence

for hierarchical coding of locations. Journal of Experimental Psychology：Human Perception and Performance,19,451-470.

[26] Beck,D. M. ,& Lavie,N. (2005). Look here but ignore what you see：Effects of distractors at fixation. Journal of Experimental Psychology：Human Perception and Performance,31,592-607.

[27] Belke,E. ,Humphreys,G. W. ,Watson,D. G. ,Meyer,A. S. ,& Telling,A. L. (2008). Top-down effects of semantic knowledge in visual search are modulated by cognitive but not perceptual load. Perception & Psychophysics,70,1444-1458.

[28] Berger,A. ,Henik,A. ,& Rafal,R. (2005). Competition between endogenous and exogenous orienting of visual attention. Journal of Experimental Psychology：General,134,207-221.

[29] Bichot,N. P. ,Cave,K. R. ,& Pashler,H. (1999). Visual selection mediated by location：Feature-based selection of noncontiguous locations. Perception & Psychophysics,61,403-423.

[30] Bichot, N. P. , Rossi, A. F. , & Desimone, R. (2005). Parallel and serial neural mechanisms for visual search in macaque area V4. Science,308,529-534.

[31] Boulinguez,P. ,& Nougier,V. (1999). Control of goal-directed movements：The contribution of orienting of visual attention and motor p_{rep}aration. Acta Psychologica,103,21-45.

[32] Bundesen,C. (1990). A theory of visual attention. Psychological Review,97,523- 547.

[33] Cave,K. R. ,& Bichot,N. P. (1999). Visuospatial attention：Beyond a spotlight model. Psychonomic Bulletin & Review,6,204-223.

[34] Cheal, M. L. , & Lyon, D. R. (1991). Central and peripheral precuing of forced-choice discrimination. Quarterly Journal of Experimental Psychology,43A,859-880.

[35] Chelazzi,L. ,Duncan,J. ,Miller,E. K. ,& Desimone,R. (1998). Responses of neurons in inferior temporal cortex during memory-guided visual search. Journal of neurophysiology,80,2918-2940.

[36] Chelazzi, L. ,Miller,E. K. ,Duncan,J. , & Desimone,R. (1993). A neural basis for visual search in inferior temporal cortex. Nature,363,345-347.

[37] Chelazzi,L. ,Miller,E. K. ,Duncan,J. , & Desimone,R. (2001). Responses of neurons in macaque area V4 during memory-guided visual search. Cerebral

Cortex,11,761-772.

[38] Chun,M. M. ,& Potter,M. C. (1995). A two-stage model for multiple target detection in rapid serial visual presentation. Journal of Experimental Psychology：Human Perception and Performance,21,109-127.

[39] Cohen, A. , & Shoup, R. (1997). Perceptual dimensional constraints in response selection processes. Cognitive Psychology,32,128-181.

[40] Connor,C. E. ,Egeth, H. E. , & Yantis, S. (2004). Visual attention：Bottom-up versus Top-down. Current Biology,14,R850-R852.

[41] Conrad, R. , & Hull, A. J. (1964). Information, acoustic confusion and memory span. British Journal of Psychology,55,429-437.

[42] Cowan, N. (1999). An embedded-processes model of working memory. In A. Miyake & P. Shah(Eds.),Models of working memory：Mechanisms of active maintenance and executive control(pp. 62-101). Cambridge, UK：Cambridge University Press.

[43] Cowan,N. (2001). The magical number 4 in short-term memory：A reconsideration of mental storage capacity. Behavioral and Brain Sciences,24,87-114.

[44] Danzinger,S. ,Kingstone, A. , & Rafal,R. D. (1998). Orienting to extinguished signals in hemispatial neglect. Psychological Science,9,119-123.

[45] De Fockert,J. W. ,Rees,G. ,Frith,C. D. , & Lavie,N. (2001). The role of working memory in visual selective attention. Science,291,1803-1806.

[46] Desimone,R. (1996). Neural mechanisms for visual memory and their role in attention. Proceedings of the National Academy of Sciences,USA,93,13494-13499.

[47] Desimone,R. (1998). Visual attention mediated by biased competition in extra-striate cortex. Philosophical Transactions of The Royal Society London B,353,1245- 1255.

[48] Desimone,R. ,& Duncan,J. (1995). Neural mechanisms of selective visual attention. Annual Review of Neuroscience,18,193-222.

[49] Downing,P. E. (2000). Interactions between visual working memory and selective attention. Psychological Science,11,467-473.

[50] Downing, P. E. , & Dodds, C. M. (2004). Competition in visual working memory for control of search. Visual Cognition,6,689-703.

[51] Duncan,J. (1984). Selective attention and the organization of visual information. Journal of Experimental Psychology：General,113,501-517.

[52] Duncan,J.(1993). Similarity between concurrent visual discriminations: Dimensions and objects. Perception & Psychophysics,54,425-430.

[53] Duncan,J.,& Humphreys,G. W.(1989). Visual search and stimulus similarity. Psychological Review,96,433-458.

[54] Duncan,J.,Humphreys, G. W.,& Ward,R.(1997). Competitive brain activity in visual attention. Current Opinion in Neurobiology,7,255-261.

[55] Duncan,J.,& Nimmo-Smith, I.(1996). Objects and attributes in divided attention: Surface and boundary systems. Perception & Psychophysics,58, 1076-1084.

[56] Egly,R.,Driver,J.,& Rafal R. D.(1994). Shifting visual attention between objects and locations: Evidence from normal and parietal lesion subjects. Journal of Experimental Psychology: General,123,161-177.

[57] Eimer,M.(1997). Uninformative symbolic cues may bias visual-spatial attention: behavior and electrophysiological evidence. Biological Psychology,46,67-71.

[58] Eriksen,B. A.,& Eriksen,C. W.(1974). Effects of noise letters upon the identification of a target letter in a nonsearch task. Perception & Psychophysics, 16,143-149.

[59] Eriksen,C. W.,& Hoffman,J. E.(1973). The extent of processing of noise elements during selective encoding from visual displays. Perception & Psychophysics,14,155-160.

[60] Eriksen,C. W.,& St. James,J. D.(1986). Visual attention within and around the field of focal attention: A zoom lens model. Perception & Psychophysics, 40,225- 240.

[61] Eriksen,C. W.,& Yeh,Y.(1985). Allocation of attention in the visual field. Journal of Experimental Psychology: Human Perception and Performance, 11,583-597.

[62] Farah,M. J.(1985). Psychophysical evidence for shared representational medium for mental images and percepts. Journal of Experimental Psychology: General,114,91-103.

[63] Farah,M. J.(1989). Mechanisms of imagery-perception interaction. Journal of Experimental Psychology: Human Perception and Performance,15,203-211.

[64] Fink,G. R.,Dolan,R. J.,Halligan,P. W.,Marshall,J. C.,& Frith,C. D. (1997). Space-based and object-based visual attention: Shared and specific neural domains. Brain,120,2013-2028.

[65] Folk,C. L. ,& Remington,R. (1998). Selectivity in distraction by irrelevant featural singletons: Evidence for two forms of attentional capture. Journal of Experimental Psychology: Human Perception and Performance, 24, 847-858.

[66] Folk,C. L. ,& Remington,R. (1999). Can new objects override attentional control settings? Perception & Psychophysics,61,727-739.

[67] Folk, C. L. , Remington, R. W. , & Johnston, J. C. (1992). Involuntary covert orienting is contingent on attentional control settings. Journal of Experimental Psychology: Human Perception and Performance,18,1030-1044.

[68] Folk, C. L. , Remington, R. W. , & Johnston, J. C. (1993). Contingent attentional capture: A reply to Yantis(1993). Journal of Experimental Psychology: Human Perception and Performance,19,682-685.

[69] Folk,C. L. ,Remington,R. W. ,& Wright,J. H. (1994). The structure of attentional control: Contingent attentional capture by apparent motion, abrupt onset,and color. Journal of Experimental Psychology: Human Perception and Performance,20,317-329.

[70] Forster,S. , & Lavie, N. (2007). High perceptual load makes everybody equal: Eliminating individual differences in distractibility with load. Psychological Science,18,377-381.

[71] Forster,S. ,& Lavie,N. (2008). Failures to ignore entirely irrelevant distractors: The role of load. Journal of Experimental Psychology: Applied,14,73-83.

[72] Found, A. , & Müller, H. J. (1996). Searching for unknown feature targets on more than one dimension: Investigating a "dimension-weighting" account. Perception & Psychophysics,58,88-101.

[73] Gibson,B. S. , & Amelio,J. (2000). Inhibition of return and attentional control settings. Perception & Psychophysics,62,496-504.

[74] Hale,S. ,Myerson,J. ,Rhee,S. H. ,Weiss,C. S. , & Abrams,R. A. (1996). Selective interference with the maintenance of location information in working memory. Neuropsychology,10,228-240.

[75] Han,S. W. , & Kim, M-S. (2007). Do the contents of working memory capture attention? Yes,but it under control. Journal of Vision,7,682a.

[76] Hodsoll,J. ,& Humphreys, G. W. (2001). Driving attention with the top down: The relative contribution of target templates to the linear separability effect in the size dimension. Perception & Psychophysics,63,918-926.

[77] Hodsoll,J. P. ,& Humphreys,G. W. (2005). The effect of target foreknowledge on visual search for categorically separable orientation targets. Vision Research, 45,2346-2351.

[78] Hodsoll,J. P. ,Humphreys,G. W. ,& Braithwaite,J. J. (2006). Dissociating the effects of similarity, salience, and top-down processes in search for linearly separable size targets. Perception & Psychophysics,68,558-570.

[79] Hopf,J. M. ,Boelmans,K. ,Schoenfeld,M. A. ,Luck,S. J. ,& Heinze, H. J. (2004). Attention to features Precedes attention to locations in visual search: Evidence from electromagnetic brain responses in humans. Journal of Neuroscience, 24,1822-1832.

[80] Houtkamp,R. ,& Roelfsema,P. R. (2006). The effect of items in working memory on the deployment of attention and the eyes during visual search. Journal of Experimental Psychology: Human Perception and Performance, 32,423-442.

[81] Huang,L. ,& Pashler,H. (2005). Attention capacity and task difficulty in visual search. Cognition,94,B101-B111.

[82] Huang,L. ,& Pashler, H. (2007). Working memory and the guidance of visual attention: Consonance-driven orienting. Pschonomic Bulletin & Review, 14,148-153.

[83] Jha, A. P. (2002). Tracking the time-course of attentional involvement in spatial working memory: an event-related potential investigation. Cognitive Brain Research,15,61-69.

[84] Jiang,Y. ,Olson,I. R. ,& Chun,M. M. (2000). Organization of visual short-term memory. Journal of Experimental Psychology: Learning,Memory,and Cognition,26,683-702.

[85] Johnston,W,A. ,& Hawley,K. J. (1994). Perceptual inhibition of expected inputs: The key that opens closed minds. Psychonomic Bulletin & Review, 1,56-72.

[86] Jolicoeur,P. ,& Dell' Acqua,R. (1998). The demonstration of short-term consolidation. Cognitive Psychology,36,138-202.

[87] Jonides,J. (1981). Voluntary versus automatic control over the mind's eye's movement. In J. B. Long & A. D. Baddeley(Eds.),Attention and Performance (Vol. IX,pp. 187-203). Hillsdale,NJ: Erlbaum.

[88] Kanwisher,N. ,Driver,J. ,& Machado,L. (1995). Spatial repetition blindness is

modulated by selective attention to color or shape. Cognitive Psychology, 29,303-337.

[89] Kim, M. -S. , & Cave, K. R. (1999). Top-down and bottom-up attentional control: On the nature of the interference from a salient distractor. Perception & Psychophysics,61,1009-1023.

[90] Klapp, S. T. , Marshburn, E. A. , & Lester, P. T. (1983). Short-term memory does not involve the "working memory" of information processing: The demise of a common assumption. Journal of Experimental Psychology: General, 112,240-264.

[91] Koivisto,M. , & Revonsuo,A. (2007). How meaning shapes seeing. Psychological Science,18,845-849.

[92] Kramer,A. F. , & Hahn, S. (1995). Splitting the beam: Distribution of attention over noncontiguous regions of the visual field. Psychological Science,6, 381-386.

[93] Kramer,A. F. , & Jacobson,A. (1991). Perceptual organization and focused attention: The role of objects and proximity in visual processing. Perception & Psychophysics,50,267-284.

[94] Kramer,A. F. , Weber, T. A. , & Watson,S. E. (1997). Object-based attentional selection: Grouped arrays or spatially invariant representations? Journal of Experimental Psychology: General,126,3-13.

[95] Kwak,H. ,Dagenbach,D. , & Egeth,H. (1991). Further evidence for a time-independent shift of the focus of attention. Perception & Psychophysics, 49, 473-480.

[96] Krose,B. J. , & Julesz,B. (1989). The control and speed of shifts of attention. Vision Research,29,1607-1619.

[97] LaBar, K. S. , Gitelman, D. R. , Parrish, T. B. , & Mesulam, M. M. (1999). Neuroanatomic overlap of working memory and spatial attention networks: A functional MRI comparison within subjects. NeuroImage,10,695-704.

[98] Lamme,V. A. F. (2003). Why visual attention and awareness are different. Trends in Cognitive Sciences,7,12-18.

[99] Lamy, D. , Tsal , Y. , & Egeth, H. E. (2003). Does a salient distractor capture attention early in processing? Psychonomic Bulletin & Review,10,621-629.

[100] Lavie,N. (1995). Perceptual load as a necessary condition for selective attention. Journal of Experimental Psychology: Human Perception and

Performance,21,451-468.

[101] Lavie, N. (2005). Distracted and confused?: Selective attention under load. Trends in Cognitive Sciences,9,75-82.

[102] Lavie, N. (2006). The role of perceptual load in visual awareness. Brain Research,1080,91-100.

[103] Lavie,N. ,& Cox, S. (1997). On the efficiency of visual selective attention: Efficient visual search leads to inefficient distractor rejection. Psychological Science,8,395-398.

[104] Lavie,N. ,& de Fockert, J. (2005). The role of working memory in attentional capture. Psychonomic Bulletin & Review,12,669-674.

[105] Lavie,N. ,& Fox,E. (2000). The role of perceptual load in negative priming. Journal of Experimental Psychology: Human Perception and Performance, 26,1038-1052.

[106] Lavie,N. ,Hirst,A. ,de Fockert,J. W. ,& Viding,E. (2004). Load theory of selective attention and cognitive control. Journal of Experimental Psychology: General,133,339-354.

[107] Lavie, N. , Ro, T. , Russell, C. (2003). The role of perceptual load in processing distractor faces. Psychological Science,14,510-515.

[108] Lavie,N. ,& Tsal, Y. (1994). Perceptual load as a major determinant of the locus of selection in visual attention. Perception & Psychophysics,56, 183-197.

[109] Lawrence,B. M. ,Myerson,J. ,& Abrams,R. A. (2004). Interference with spatial working memory: An eye movement is more than a shift of attention. Psychonomic Bulletin & Review,11,488-494.

[110] Lawrence,B. M. ,Myerson,J. ,Oonk, H. M. ,& Abrams, R. A. (2001). The effects of eye and limb movements on working memory. Memory,9, 433-444.

[111] Lee,D. ,& Chun,M. M. (2001). What are the units of visual short-term memory,objects or spatial locations? Perception & Psychophysics, 63, 253-257.

[112] Lucas,C. ,& Lauwereyns,J. (2007). Selective working memory disables inhibition of visual features. Experimental Psychology,54,256-263.

[113] Luck,S. J. ,& Vogel,E. K. (1997). The capacity of visual working memory for features and conjunctions. Nature,390,279-281.

［114］Macdonald, J. S. P. , & Lavie, N. (2008). Load induced blindness. Journal of Experimental Psychology: Human Perception and Performance, 34, 1078-1091.

［115］Maruff, P. , Danckert, J. , Camplin, G. , & Currie, J. (1999). Behavioral goals constrain the selection of visual information. Psychological Science, 10, 522-525.

［116］Maunsell, J. H. R. , & Treue, S. (2006). Feature-based attention in visual cortex. Trends in Neurosciences, 29, 317-322.

［117］Maylor, E. A. , & Lavie, N. (1998). The influence of perceptual load on age differences in selective attention. Psychology and Aging, 13, 563-573.

［118］McCormick, P. A. (1997). Orienting attention without awareness. Journal of Experimental Psychology: Human Perception and Performance, 23, 168-180.

［119］Meyer, A. S. , Sleiderink, A. M. , & Levelt, W. J. M. (1998). Viewing and naming objects: Eye movements during noun phrase production. Cognition, 66, B25- B33.

［120］Miller, G. A. (1956). The magical number seven, plus or minus two: Some limits on our capacity for processing information. Psychological Review, 63, 81-97.

［121］Miller, G. A. , Galanter, E. , & Pribram, K. H. (1960). Plans and the structure of behavior. New York: Holt, Rinehart & Winston.

［122］Miller, J. (1991). The flanker compatibility effect as a function of visual angle, attention focus, visual transients and perceptual load: A search of boundary conditions. Perception & Psychophysics, 49, 270-288.

［123］Moores, E. , Laiti, L. , & Chelazzi, L. (2003). Associative knowledge controls deployment of visual selective attention. Nature Neuroscience, 6, 182-189.

［124］Moores, E. , & Maxwell, J. P. (2008). The role of prior exposure in the capture of attention by items in working memory. Visual Cognition, 16, 675-695.

［125］Most, S. B. , Scholl, B. J. , Clifford, E. R. , & Simons, D. J. (2005). What you see is what you set: Sustained inattentional blindness and the capture of awareness. Psychological Review, 112, 217-242.

［126］Müller, H. J. , Heller, D. , & Ziegler, J. (1995). Visual search for singleton feature targets within and across feature discriminations. Perception & Psychophysics,57,1-17.

[127] Müller,H. J. ,Krummenacher,J. ,& Heller D. (2004). Dimension-specific intertrial facilitation in visual search for pop-out targets: Evidence for a top-down modulable visual short-term memory effect. Visual Cognition, 11,577-602.

[128] Müller,H. J. ,& O'Grady,R. B. (2000). Dimension-based visual attention modulates dual-judgment accuracy in Duncan's(1984)one versus two-object report paradigm. Journal of Experimental Psychology: Human Perception and Performance,26,1332-1351.

[129] Müller, H. J. , & Rabbitt, P. M. A. (1989). Reflexive and voluntary orienting of visual attention: Time course of activation and resistance to interruption. Journal of Experimental Psychology: Human Perception and Performance,15,315-330.

[130] Müller,H. J. ,Reimann,B. ,& Krummenacher,J. (2003). Visual search for singleton feature targets across dimensions: Stimulus-and expectancy-driven effects in dimensional weighting. Journal of Experimental Psychology: Human Perception and Performance,29,1021-1035.

[131] Müller,N. G. ,& Kleinschmidt,A. (2003). Dynamic interaction of object- and space-based attention in retinotopic visual areas. Journal of Neuroscience, 23,9812-9816.

[132] Neill,W. T. (1977). Inhibitory and facilitatory processes in selective attention. Journal of Experimental Psychology: Human Perception and Performance,3,444-450.

[133] Nobre,A. C. ,Rao,A. ,& Chelazzi,L. (2006). Selective attention to specific features within objects: Behavioral and electrophysiological evidence. Journal of Cognitive Neuroscience,18,539-561.

[134] Norman,D,A. ,& Shallice,T. (1986). Attention to action: Willed and automatic control of behavior. In R. J. Davidson,G. E. Schwarts,& D. Shapiro(Eds.),Consciousness and self-regulation: Advances in research and theory(Vol. 4,pp. 1-18). New York: Plenum.

[135] Oberauer,K. (2002). Access to information in working memory: Exploring the focus of attention. Journal of Experimental Psychology: Learning,Memory,and Cognition,28,411-421.

［136］Oh,S-H. ,& Kim,M-S. (2003). The guidance effect of working memory load on visual search. Journal of Vision,3,629a.

［137］Olivers,C. N. L. ,Meijer,F. ,& Theeuwes,J. (2006). Feature-based memory-driven attentional capture: Visual working memory content affects visual attention. Journal of Experimental Psychology: Human Perception and Performance,32,1243-1265.

［138］O'Regan,J. K. ,& Noe,A. (2001). A sensorimotor account of vision and visual consciousness. Behavioral and Brain Sciences,24,939-973.

［139］Pashler,H. ,& Shiu,L. P. (1999). Do images involuntarily trigger search? A test of Pillsbury's hypothesis. Psychonomic Bulletin & Review,6,445-448.

［140］Pickering,S. J. (2001). Cognitive approaches to the fractionation of visuo-spatial working memory. Cortex,37,470-473.

［141］Posner,M. I. (1980). Orienting of attention. Quarterly Journal of Experimental Psychology,32A,3-25.

［142］Posner,M. I. ,Snyder,C. R. ,& Davidson,B. J. (1980). Attention and the detection of signals. Journal of Experimental Psychology: General,109,160-174.

［143］Posner,M. I. , Walker, J. A. , Friedrich, F. J. , & Rafal, R. D. (1984). Effects of parietal lobe injury on covert orienting of visual attention. Journal of Neuroscience,4,1863-1874.

［144］Posner,M. I. ,Walker,J. A. ,Friedrich,F. J. ,& Rafal,R. D. (1987). How do the parietal lobes direct covert attention? Neuropsychologia,25,134-145.

［145］Postle, B. R. , Awh, E. , Jonides, J. , Smith, E. E. , & D'E sposito, M. (2004). The where and how of attention-based rehearsal in spatial working memory. Cognitive Brain Research,20,194-205.

［146］Potter,M. C. (1975). Meaning in visual search. Science,187,965-966.

［147］Pratt,J. ,& Hommel,B. (2003). Symbolic control of visual attention: The role of working memory and attentional control settings. Journal of Experimental Psychology: Human Perception and Performance,29,835-845.

［148］Pylyshyn,Z. W. ,& Storm,R. W. (1988). Tracking multiple independent targets: Evidence for a parallel tracking mechanism. Spatial Vision,3,179-197.

［149］Rafal,R. D. ,Calabresi,P. A. ,Brennan,C. W. ,& Sciolto,T. K. (1989).

Saccade p_{rep} aration inhibits reorienting to recently attended locations. Journal of Experimental Psychology：Human Perception and Performance，15，673-685.

[150] Rees，G.，Frith，C. D.，& Lavie，N. (1997). Modulating irrelevant motion perception by varying attentional load in an unrelated task. Science，278，1616-1619.

[151] Remington，R.，& Pierce，L. (1984). Moving attention：Evidence for time-invariant shifts of visual selective attention. Perception & Psychophysics，35，393-399.

[152] Remington，R. W.，& Folk，C. I. (2001). A dissociation between attention and selection.

[153] Psychological Science，12，511-515.

[154] Rossi，A. F.，& Paradiso，M. A. (1995). Feature-specific effects of selective visual attention. Vision Research，35，621-634.

[155] Ruz，M.，& Lupianez，J. (2002). A review of attentional capture：On its automaticity and sensitivity to endogenous control. Psicologica，23，283-309.

[156] Saenz，M.，Buracas，G. T.，& Boynton，G. M. (2003). Global feature-based attention for motion and color. Vision Research，43，629-637.

[157] Schmidt，B. K.，Vogel，E. K.，Woodman，G. F.，& Luck，S. J. (2002). Voluntary and automatic attentional control of visual working memory. Perception & Psychophysics，64，754-763.

[158] Schneider，W.，& Fisk，A. D. (1982). Concurrent automatic and controlled visual search：Can processing occur without resource cost? Journal of Experimental Psychology：Learning，Memory，and Cognition，8，261-278.

[159] Schneider，W.，& Shiffrin，R. M. (1977). Controlled and automatic human information processing：I. Detection，search，and attention. Psychological Review，84，1-66.

[160] Scholl，B. J. (2001). Objects and attention：The state of the art. Cognition，80，1-46.

[161] Schomstein，S.，& Yantis，S. (2002). Object-based attention：Sensory modulation or priority setting? Perception & Psychophysics，64，41-51.

[162] Schreij，D.，Owens，C.，& Theeuwes，J. (2008). Abrupt onsets capture attention independent of top-down control settings. Perception & Psychophysics，70，208- 218.

［163］Schweickert,R. ,& Boruff,B. (1986). Short-term memory capacity: Magic
number or magic spell? Journal of Experimental Psychology: Learning,
Memory,and Cognition,12,419-425.

［164］Service,E. (1992). Phonology working memory and foreign language learning.
Quarterly Journal of Experimental Psychology,45A,21-50.

［165］Shepherd,M. ,Findlay,J. M. ,& Hockey,R. J. (1986). The relationship
between eye movements and spatial attention. Quarterly Journal of Experimental
Psychology,38,475-491.

［166］Shomstein,S. ,& Behrmann,M. (2006). Cortical systems mediating visual
attention to both objects and spatial locations. Proceedings of the National
Academy of Sciences,USA,103,11387-11392.

［167］Shui-I,S. ,& Sperling,G. (1996). Is there feature-based attentional selection in
visual search? Journal of Experimental Psychology: Human Perception and
Performance,22,758-779.

［168］Simons, D. J. (2000). Attentional capture and inattentional blindness.
Trends in Cognitive Sciences,4,147-155.

［169］Simons,D. J. ,& Levin,D. T. (1997). Change blindness. Trends in Cognitive
Sciences,1,261-267.

［170］Smith,E. E. ,Jonides,J. (1996). Working memory in humans: Neuropsychological
evidence. In M. Gazzaniga (Ed.), The cognitive neuroscience (pp. 1009-
1020). Cambridge,MA: MIT Press.

［171］Smith,E. E. ,Jonides,J. ,Koeppe,R. A. ,Awh,E. ,Schumacher,E. H. ,&
Minoshima, S. (1995). Spatial versus object working memory: PET
investigations. Journal of Cognitive Neuroscience,7,337-356.

［172］Soto,D. ,& Blanco,M. J. (2004). Spatial attention and object-based attention:
A comparison within a single task. Vision Research,44,69-81.

［173］Soto,D. ,Heinke,D. ,Humphreys,G. W. ,& Blanco,M. J. (2005). Early,
involuntary top-down guidance of attention from working memory. Journal
of Experimental Psychology: Human Perception and Performance, 31,
248-261.

［174］Soto,D. ,Hodsoll,J. ,Rotshtein,P. ,& Humphreys,G. W. (2008). Automatic
guidance of attention from working memory. Trends in Cognitive Sciences,12,
342-348.

［175］Soto,D. ,& Humphreys,G. W. (2006). Seeing the content of the mind:

Enhanced awareness through working memory in patients with visual extinction. Proceedings of the National Academy of Sciences, USA, 103, 4789-4792.

[176] Soto, D., & Humphreys, G. W. (2007). Automatic guidance of visual attention from verbal working memory. Journal of Experimental Psychology: Human Perception and Performance, 33, 730-737.

[177] Soto, D., & Humphreys, G. W. (2008). Stressing the mind: The effect of cognitive load and articulatory suppression on attentional guidance from working memory. Perception & Psychophysics, 70, 924-934.

[178] Soto, D., Humphreys, G. W., & Heinke, D. (2006a). Working memory can guide pop-out search. Vision Research, 46, 1010-1018.

[179] Soto, D., Humphreys, G. W., & Heinke, D. (2006b). Dividing the mind: The necessary role of the frontal lobes in separating memory from search. Neuropsychologia, 44, 1282-1289.

[180] Soto, D., Humphreys, G. W., & Rotshtein, P. (2007). Dissociating the neural mechanisms of memory-based guidance of visual selection. Proceedings of the National Academy of Sciences, USA, 104, 17186-17191.

[181] Stolz, J. A. (1996). Exogenous orienting does not reflect an encapsulated set of processes. Journal of Experimental Psychology: Human Perception and Performance, 22, 187-201.

[182] Stuss, D. T., Floden, D., Alexander, M. P., Levine, B., & Katz, D. (2001). Stroop performance in focal lesion patients: dissociation of processes and frontal lobe lesion location. Neuropsychologia, 39, 771-786.

[183] Stroop, J. R. (1935). Studies of interference in serial verbal reactions. Journal of Experimental Psychology, 18, 643-662.

[184] Theeuwes, J. (1991). Cross-dimensional perceptual selectivity. Perception & Psychophysics, 50, 184-193.

[185] Theeuwes, J. (1992). Perceptual selectivity for color and form. Perception & Psychophysics, 51, 599-606.

[186] Theeuwes, J. (1994). Stimulus-driven capture and attentional set: Selective search for color and visual abrupt onsets. Journal of Experimental Psychology: Human Perception and Performance, 20, 799-806.

[187] Theeuwes, J. (2004). Top-down search strategies cannot override attentional capture. Psychonomic Bulletin & Review, 11, 65-70.

［188］ Tipples,J. (2002). Eye gaze is not unique: Automatic orienting in response to uninformative arrows. Psychonomic Bulletin & Review,9,314-318.

［189］ Tipper,S. P. (1985). The negative priming effect: Inhibitory priming by ignored objects. Quarterly Journal of Experimental Psychology, 37A, 571-590.

［190］ Treisman ,A. (1969). Strategies and models of selective attention. Psychological Review,76,282-299.

［191］ Tresch, M. C. , Sinnamon, H. M. , & Seamon, J. G. (1993). Double dissociation of spatial and object visual memory: Evidence from selective interference in intact human subjects. Neuropsychologia,31,211-219.

［192］ Varakin,D. A. (2006). Visual working memory and attentional guidance. Doctoral Dissertation. Vanderbilt University.

［193］ Vecera,S. P. (1994). Grouped locations and object-based attention: Comment on Egly, Driver, and Rafal (1994). Journal of Experimental Psychology: General,123,316-320.

［194］ Vecera,S. P. (1997). Grouped arrays versus object-based representations: Reply to Kramer et al. (1997). Journal of Experimental Psychology: General, 126,14-18. Vecera, S. P. , & Farah, M. J. (1994). Does visual attention select objects or locations? Journal of Experimental Psychology: General, 123,146-160.

［195］ Vogel,E. K. ,Woodman,G. F. , & Luck,S. J. (2001). Storage of features, conjunctions,and objects in visual working memory. Journal of Experimental Psychology: Human Perception and Performance,27,92-114.

［196］ Vogel,E. K. ,Woodman,G. F. , & Luck,S. J. (2006). The time course of consolidation in visual working memory. Journal of Experimental Psychology: Human Perception & Performance,32,1436-1451.

［197］ Wolfe,J. M. (1994). Guided search 2. 0: A revised model of visual search. Psychonomic Bulletin & Review,1,202-238.

［198］ Wolfe,J. M. , Friedman-Hill, S. R. , Stewart, M. I. , & O'Connell, K. M. (1992). The role of categorization in visual search for orientation. Journal of Experimental Psychology: Human Perception and Performance,18,34-49.

［199］ Woodman,G. F. , & Luck,S. J. (2007). Do the contents of visual working memory automatically influence attentional selection during visual search? Journal of Experimental Psychology: Human Perception and Performance,

33,363-377.

[200] Woodman,G. F. ,& Vogel,E. K. (2005). Fractionating working memory: Consolidation and maintenance are independent processes. Psychological Science,16,106-113.

[201] Yantis,S. (1992). Multielement visual tracking: Attention and perceptual organization. Cognitive Psychology,24,295-340.

[202] Yantis,S. (1993). Stimulus-driven attentional capture. Current Directions in Psychological Science,2,156-161.

[203] Yantis,S. ,& Jonides,J. (1984). Abrupt visual onsets and selective attention: Evidence from visual search. Journal of Experimental Psychology: Human Perception and Performance,10,135-149.

[204] Yantis,S. ,& Jonides,J. (1990). Abrupt visual onsets and selective attention: Voluntary versus automatic allocation. Journal of Experimental Psychology: Human Perception and Performance,16,121-134.

[205] Zimmer,H. D. ,Speiser, H. R. , & Seidler, B. (2003). Spatio-temporal working-memory and short-term object-location tasks use different memory mechanisms. Acta Psychologica,114,41-65.